JN263036

広中杯 ハイレベル中学数学に挑戦

これが中学数学の最高峰

算数オリンピック委員会　監修

青木亮二　解説

ブルーバックス

カバー装幀／芦澤泰偉・児崎雅淑
本文・目次・扉デザイン／井上則人デザイン事務所
本文図版／さくら工芸社

まえがき——広中杯の精神

　バイオリンやピアノといった音楽の分野では、様々なコンクールがあり、これらのコンクールの入賞者から多くのプロの演奏家がでています。また、スポーツの分野でもいろいろな大会があり、全国大会の優勝者からは、やはりプロの選手が輩出されています。それなのに、どうして数理科学分野のコンクールがないのだろうかという素朴な疑問をもった広中平祐先生（京都大学名誉教授）やピーター・フランクルさんらの手によって、1992年、小学生対象の算数オリンピック大会が始まりました。

　それに遅れること8年、広中杯全国中学生数学大会は、2000年に産声を上げました。1999年当時、すでに、小学生を対象とした算数オリンピック、高校生を対象とした数学オリンピックがあったにもかかわらず、中学生を対象とした数学の大会がなかったのです。そこで、中学生にふさわしい内容で、中学生が競い合う知の祭典としての数学コンクールとして、算数オリンピック委員会の委員長であり、数学のノーベル賞といわれるフィールズ賞受賞者である広中平祐先生の名を冠した広中杯全国中学生数学大会が生まれました。

　広中杯には、次の3つの大きな特徴があります。

1）図形問題（幾何）を重視していること
2）ファイナル（決勝戦）は、記述式を中心とし、答えを出す能力と共に、論証力を重視していること
3）パターン的な問題を極力排し、その場で「実験・発見・証明」するタイプの問題を重視していること

広中杯のファイナルでは,毎回,図形の問題が出題されますが,それは超難問であることが多いのです。たとえば,2006年のファイナルの【問題3】は次のような問題です。

【問題】
中心のわからない円 C の周上に,異なる2点 P, Q があり,線分 PQ は C の直径ではないことが分かっている。このとき,コンパスを2回,定木を1回用いるだけで,Pにおける円 C の接線を引くことが可能である。その手順を述べ,その手順で引かれる直線が C の接線になっていることを証明せよ。

ここに,コンパスは円を描くことのみに,定木は異なる2点を通る直線を引くためのみに用いられるものとする。

接線を引くには当然,定木を使うことが必要ですから,コンパスを2回,定木を1回だけで円の接線を引くというのが困難きわまるということは読者のみなさんもよく分かると思います。これは,大学入試問題として出題しても,難関大学の受験生のほとんどは解けないと思われる難問です。いろいろな試行錯誤が必要であり,そこから,作図法を発見し,それをきちんと論証しないといけません。でも,この問題も,11名の中学生が解いてしまったのです。

広中杯の採点にあたっては,論証力とともに,独創性が重視されます。正解者が複数いる場合,より独創的な解法をしたものにより高い得点が与えられます。毎年,広中杯は,中学生との真剣勝負です。問題をこちらの模範解答より見事に解かれてしまったときは,「負けた!」と思うと同時に,勝った中学生を祝福したい気分で一杯になります。一方,難しすぎて制限時間内にはだれも解けない問題も時にはあります。そんな時,出

まえがき――広中杯の精神

題者側は,とても残念な気分になります。

　でも,たいていの問題では,私たちが作った壁を乗り越えていく中学生たちが必ずいます。

　私は,広中先生と共に,入賞者にメダルとトロフィーを授与していますが,みんな個性的な子供たちで,こんな子供たちがいる限り,日本もまだまだ発展していくと毎年安心しています。

　みなさんも,この本で,広中杯に挑戦し,難問を解く喜びを味わい,あるいは,解けなかった問題の解答を読んで,「あっ！　そうだったか！」とくやしがってもらいたいと思います。

　数学好きのすべての人に祝福あれ！

広中杯運営委員長　古川昭夫
（数理専門塾　ＳＥＧ主宰）

広中杯　ハイレベル中学数学に挑戦 —— 目次

まえがき——広中杯の精神 ………… 005

問題編 (011)

2003年 第4回広中杯
- ◆ トライアル問題 ………… 012
- ◆ ファイナル問題 ………… 016

2004年 第5回広中杯
- ◆ トライアル問題 ………… 020
- ◆ ファイナル問題 ………… 024

2005年 第6回広中杯
- ◆ トライアル問題 ………… 028
- ◆ ファイナル問題 ………… 032

2006年 第7回広中杯
- ◆ トライアル問題 ………… 036
- ◆ ファイナル問題 ………… 040

第1回〜第3回大会から
良問選集 ………… 044

解答編 (053)

2003年 第4回広中杯
- ◆トライアル問題 ……………… 054
- ◆ファイナル問題 ……………… 070

2004年 第5回広中杯
- ◆トライアル問題 ……………… 082
- ◆ファイナル問題 ……………… 096

2005年 第6回広中杯
- ◆トライアル問題 ……………… 108
- ◆ファイナル問題 ……………… 118

2006年 第7回広中杯
- ◆トライアル問題 ……………… 130
- ◆ファイナル問題 ……………… 144

第1回～第3回大会から
良問選集 ……………… 154

※掲載されている問題は、ブルーバックス収録にあたり、広中杯の本試験で出題されたものから表記を若干調整しています。題意に変更はありません。

広中杯および算数オリンピックに関するお問い合わせ先

〒160-0023
東京都新宿区西新宿7-6-5
　　　　グローリア初穂ビル804
TEL　03-3371-2655
ホームページ　http://sansu-olympic.gr.jp/

問題編

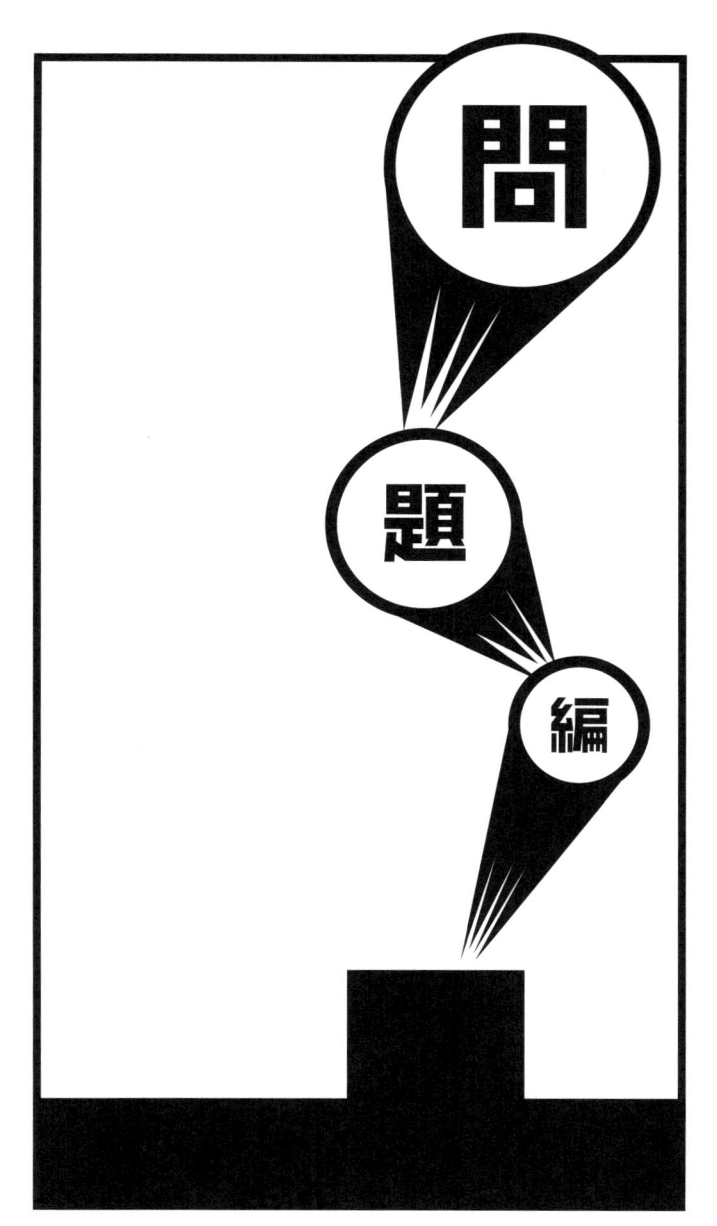

2003年 第4回広中杯 トライアル問題

[制限時間]………90分

注：問題の図は必ずしも正確とは限らない。

【問題1】

Ⅰ-(1)

1〜6までの目のサイコロを2回ふる。出た目の和が6の倍数となる確率を求めなさい。

Ⅰ-(2)

次の値を求めなさい。

$3.14^2 + 4.36^2 - 11.5^2 + 3.14 \times 8.72$

Ⅰ-(3)

$\pi = \dfrac{x-15}{y-12} = \dfrac{y+2003}{x+2000}$ のとき，$x+y$ の値を求めなさい。

ただし，$\pi (=3.1415\cdots)$ は円周率とする。

Ⅰ-(4)

右図のような，正方形と二等辺三角形からなる展開図を組み立ててできるへこみのない立体の体積を求めなさい。ただし，正方形の1辺の長さは2，二等辺三角形の等しい2辺の長さは $\sqrt{3}$ とする。

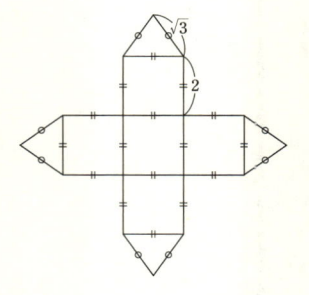

Ⅰ-(5)

右図において，四角形 ABCD の面積を求めなさい。ただし，図の中心角 90°のおうぎ形の半径は 6 とする。

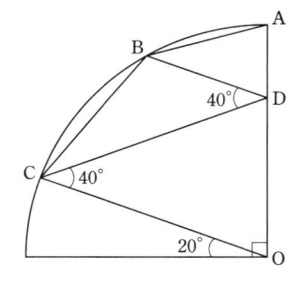

【問題 2 】

Ⅱ-(1)

右図のように，円と正三角形 ABC が重なっている。

AP＝AS＝7，QR＝5 のとき，この正三角形の 1 辺の長さを求めなさい。

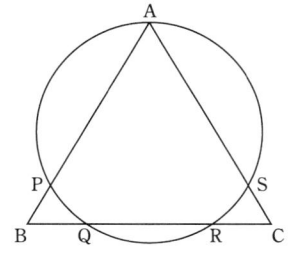

Ⅱ-(2)

ある町の商店街には野球チームが 6 チームあり，それぞれのチームは互いに試合をしている。この 6 チームを A，B，C，D，E，F とする。

ある 1 年間の成績をみると，各試合で引きわけはなく，

チーム A は　　60 勝 29 敗　　　　チーム D は　　28 勝 37 敗

チーム B は　　42 勝 30 敗　　　　チーム E は　　 3 勝 4 敗

チーム C は　　10 勝 10 敗

であったという。チーム F はこの 1 年間，少なくとも何試合したといえるか，答えなさい。ただし，この成績は A～F の 6 チーム内での対戦成績であり，A～F のチーム以外との試合は考えないものとする。

Ⅱ-(3)

ある国では，通貨に日本と同じ「円」が使われている。消費税も5％であるが，ただひとつ違うのは，消費税加算後の金額の1円未満を，切り捨てではなく四捨五入としていることである。

日本では，110円のものを買うと，5％を加算して115.5円となり，これを小数点以下切り捨てることで115円，これが支払うべき（消費税加算後の）金額となるが，この国では小数点以下を四捨五入して116円，これが支払うべき金額となる。

では，2003の倍数の金額（円）で，このある国で消費税加算後の金額には・な・ら・な・い最小の金額はいくらになるか求めなさい。

Ⅱ-(4)

自然数 n に対して，n 以下の自然数の積を $n!$ と表すことにする。たとえば，$5! = 5 \times 4 \times 3 \times 2 \times 1 = 120$ である。

$(n+2)! - n!$ が 11^6 でわりきれるような最小の自然数を求めなさい。

【問題3】

以下の問いに答えなさい。特に断りのない場合，途中の考え方も記しなさい。(Ⅲ-(1)，(2)，(3)はいずれも難問です。3題すべてを解いてもかまいませんが，1題のみ解いてもかまいません。優秀な答案であれば，1題のみでも満点を与える場合があります。)

Ⅲ-(1)

とくべえさんはその昔，神様から「魔法の倉」をさずかった。その倉に米を入れておくと，毎月ごとに神様が倉の中の米を何倍か増やしてくれるのである。何倍に増えるのかはその月

の神様の気分次第なのだが,ただとくべえさんは長年の経験から「神様の気分は毎年その季節(月)ごとに同じである」ことを知っている。たとえば,ある年の1月の1ヵ月で米が3倍になり,2月の1ヵ月で米が2倍になったとすると,その翌年も,その前の年も,1月で3倍,2月で2倍に増える,そんなわけである。(この場合,元旦に1粒倉の中に米を入れておくと,3月1日には米は1×3×2=6粒となっている。)

とくべえさんは2001年から,元旦を除く毎月1日に米を1kgずつ倉の中に足していっている。2001年の元旦に倉の中には米が10kgあった。2002年の元旦には倉の中の米は90kgになっていた。今年2003年の元旦には倉の中の米は570kgになっていた。では,来年2004年の元旦には米は何kgとなるだろうか。

ただし,とくべえさんは2001年の元旦以降,倉から米をとりだすことはないものとする。

Ⅲ-(2)

四角形 ABCD が

・AB=4,BC=6,CD=5,DA=3
・対角線 AC,BD の中点をそれぞれ M,N とするとき,$MN=\frac{3}{2}$

の両方の条件をみたすとき,この四角形 ABCD の面積を求めなさい。(途中の考えを記す上で,必ず図を描くこと。)

Ⅲ-(3)

たてが3,よこが $2n$ の長方形を $2×1$ のタイルでしきつめる方法を x_n 通りとする。

(問1) x_3 を求めなさい。(答えのみで良い)

(問2) x_n は必ず奇数であることを示しなさい。

(問3) $x_{12}>120^3$ を示しなさい。

2003年 第4回広中杯 ファイナル問題

[制限時間]……… **120分**

【問題1】

0～9までの数字がかかれたカード（[0], [1], ……, [9]）がそれぞれたくさん，と＋(たし算の記号)がかかれたカード（[+]）がたくさんある。

(1) [1], [2], [3], [4], [5] の5枚のカードを用意し，これを適当に横一列に並べ，5けたの整数をつくる。たとえばこの5枚のカードをこの順に左から並べたときには12345ができる。

　(a) こうしてできる整数はたくさんあるが，それらの整数の平均はいくらになるか。

　(b) こうしてできる整数を11でわったときの余り（0，1，2，……，10）として考えられる整数をすべて求めよ。

(2) 1+2+……+100（1から100までの和）を表すために，
[1][+][2][+]……[+][2][9][+][3][0][+][3][1][+]……[+][1][0][0]
　　　　　　　　　　　(A)
と並べた。

　(a) カードは合計何枚並べられているか，答えなさい。

　(b) [+] のカードを1枚ぬいて，あいたスペースをつめて計算すると，和は10000となった。どの [+] のカードをぬいたのか，答えなさい。たとえば(A)のカードをぬいた場合は和は
1+2+3+……+28+2930+31+32+……+100 となり，この場合が答えであるならば，「29と30の間の [+]」というように答えよ。

【問題2】
(1) 45の正の約数の和を求めよ。
(2) 450の正の約数のうち,平方数であるものの和を求めよ。平方数とは,ある整数の2乗で表される数(1,4,9,16,……)のことをいう。
(3) 「nの正の約数のうち平方数であるものの和が15の倍数となる」…(∗)ような正の整数nで,2003をこえないものを1つ求めよ。
(4) (∗)の条件をみたす,最小の正の奇数nを求めよ。

【問題3】
(途中の考えを記す上で,必ず図を描くこと。)
(1) 凸四角形ABCDはAC=AD,DB=DC,∠BDC=36°,∠ADB=30°,∠ACB=6°をみたしている。
　このとき∠BACの大きさを求めよ。

(図は必ずしも正確ではない)

(2) △ABC,およびその内部の点Dは∠DBA=30°,∠DBC=42°,∠DCA=18°,∠DCB=54°をみたしている。
　このとき∠BADの大きさを求めよ。

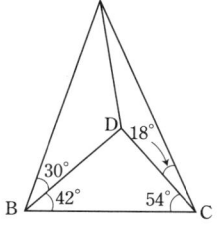

(図は必ずしも正確ではない)

【問題 4】

(1) たとえば，1辺の長さが1の正6角形の各辺の外側に，1辺の長さが1の正6角形を1つずつくっつけると，くっつけた正6角形のとなりあう2つは1辺を共有する。

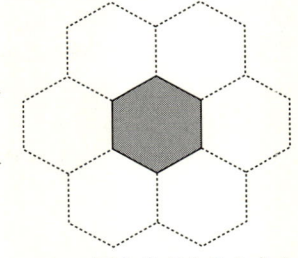

1辺の長さが1の正m角形の各辺の外側に1辺の長さが1の正n角形を1つずつくっつけたとき，くっつけた正n角形のとなりあう2つが1辺を共有するようなm，nの組として考えられるものをすべて求めよ。$(m, n) = (6, 6)$のように答えよ。（解答例以外の組を答えよ。）

(2) 3つの三角形P, Q, Rはいずれも下図のような二等辺三角形で，

P：底辺の長さが2，頂角が$36°$
Q：等しい辺の長さが2，頂角が$36°$
R：底辺の長さが2，頂角が$72°$

である。 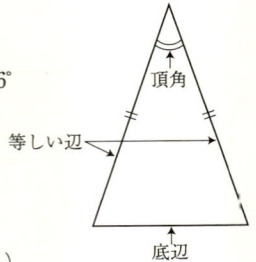
P, Q, Rの面積をそれぞれp, q, rとするとき，
$$(2p-q) : (p+q+5r) = r : p \cdots (*)$$
が成り立つことを証明せよ。

【問題 5】

(1) 男6人，女6人が参加したパーティーで，記念撮影をすることになった。通りがかりの人にカメラマンを頼んだところ，彼は写真に関してはうるさい人であったようで，きれいに写すために「横一列に，どの女性も自分より背の高い男性が少なく

とも一人，自分よりも左側にいるように並んで下さい」という。

ためしに背の高い順に12人が並んだところ，背の高い順に男，女，男，女，……と交互になった。12人が横一列に適当に並んだとき，その並び方がカメラマンのいうとおりになっている確率を求めよ。ただし，12人の背の高さはみな異なるとする。

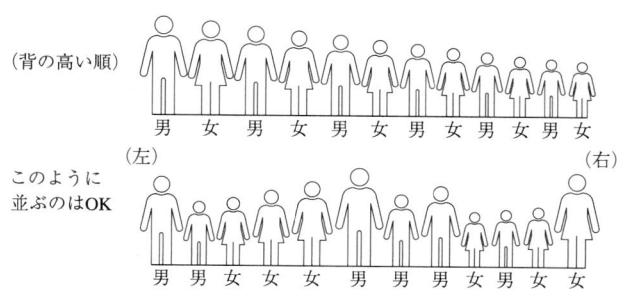

(背の高い順)

このように
並ぶのはOK

(2) 1, 1, 2, 3, 5, 8, 13, 21, 34, 55, 89, 144, ……
と並ぶ数列は「フィボナッチ数列」と呼ばれ，3番目以降の数はいずれも左側2つの数の和となっている。この数列の数を1番目から f_1, f_2, ……と表すことにしよう。($f_1=1$, $f_{12}=144$ となる。）12枚のカードに $-f_1$, f_2, $-f_3$, f_4, ……, $-f_{11}$, f_{12} をかき，この12枚のカードを横一列に並べるとき，「i が1でも2でも……12でも，左から i 番目までのカードにかかれた数の和が常に0以上となる」確率を求めなさい。すなわち，この12枚のカードを横一列に順に並べてゆく過程で並べられているカードの和が常に0以上となる確率を求めよ。

(条件をみたす例)

$\boxed{55}$, $\boxed{-1}$, $\boxed{-5}$, $\boxed{3}$, $\boxed{-34}$, $\boxed{144}$, $\boxed{-2}$, $\boxed{-89}$, $\boxed{1}$, $\boxed{21}$, $\boxed{8}$, $\boxed{-13}$

2004年 第5回広中杯 トライアル問題

[制限時間] ……… 90分

【問題1】

I-(1)

$\left(\dfrac{11}{31}-\dfrac{5}{7}\right)+2\left(\dfrac{6}{7}-\dfrac{7}{19}\right)-3\left(\dfrac{8}{19}-\dfrac{17}{31}\right)$ を計算せよ。

I-(2)

AB=3，BC=4，CA=5 の直角三角形 ABC の斜辺 CA 上に点Pをとったところ，2つの三角形，△ABP と △PBC の周の長さが等しくなった。

△ABP の面積を求めよ。（※図は必ずしも正確とは限らない）

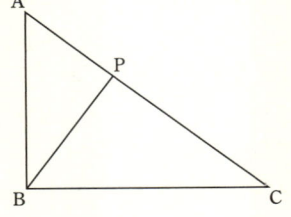

I-(3)

次の空欄に入る正の数を求めよ。

$31^2+\boxed{}^2+31^2+30^2+31^2+30^2+31^2+31^2+30^2+31^2+30^2+31^2=11111$

I-(4)

大きな池があり，その周囲には環状の道路がある。この環状道路には4つのバス停があり，バス停Bはバス停Aから時計回りに1km進んだところにあること，バス停Cとバス停Dは道路上で2km離れていることがわかっている。

昭夫と昭子がバス停Aから，治夫と治子がバス停Bから，それぞれ同時に出発し，昭夫と治夫は時計回りに，昭子と治子は

反時計回りに進んだところ，昭夫
と昭子はバス停Cで，治夫と治子
はバス停Dで再び出会った。昭夫
と治子は時速8kmで走り，昭子と
治夫は時速4kmで歩いたとする
と，この環状道路の一周の長さは
何kmとなるか，答えよ。ただし一
周の長さは4km以上と考えてよい。

昭夫	時計回り 時速8km
昭子	反時計回り 時速4km
治夫	時計回り 時速4km
治子	反時計回り 時速8km

Ⅰ-(5)

右図のように，AB＝3，BC＝4の四角形ABCDに合同な平行四辺形BFIE，AICJ，JGDHが入っている。

このとき，BFの長さを求めよ。
（※図は必ずしも正確とは限らない）

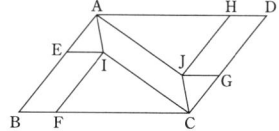

【問題2】

Ⅱ-(1)

1.66666×1.42857×840 を計算し，小数第一位を四捨五入した値を求めよ。

Ⅱ-(2)

白のタイルと黒のタイルを3×3の状態に並べる。黒のタイルが2枚となりあわないような並べ方は何通りあるか。
（右図はそのような並べ方の一つである）

（注意）
● 黒のタイルを1枚も使わないものも1通りとする。
● 回転して同じになるものは同じものとみなす。
● うら返して同じになるものは別のものとみなす。

Ⅱ-(3)

半径1，高さ1の円柱がある。上面の円周の4等分点をA，B，C，D，中心をOとし，ACを含む底面と45°の角をなす平面，およびBDを含む底面と45°の角をなす平面による円柱の側面の切り口を図のように C_1，C_2 とする。

C_1，C_2 の交点をPとするとき，線分OPの長さを求めよ。

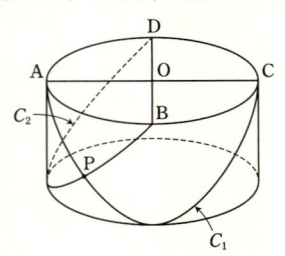

Ⅱ-(4)

ジョーカーを除く52枚のトランプがある。

あきこ先生に1枚とってもらい，表を見てもらってからテーブルに伏せ，「とった札はハートの7でしたか？」と尋ねたところ，あきこ先生から「はい」と返事があった。

このとき，あきこ先生がとった札が本当にハートの7である確率は何%か，答えよ。ただし，あきこ先生は99%の確率で本当のことを言い，1%の確率でうそのことを言うものとする。

【問題3】

右図のように，三角形 ABC の辺 BC，CA，AB 上に点 P，Q，R をとり，AP と BQ，BQ と CR，CR と AP の交点をそれぞれ S，T，U とする。三角形 BSP，CTQ，AUR の面積が1，四角形 BSUR，CTSP，AUTQ の面積が5のとき，三角形 STU の面積を求めよ。

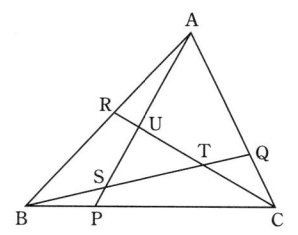

2004年トライアル

2004年 第5回広中杯 ファイナル問題

[制限時間] ……… 120分

【問題1】

①, ①, ②, ②, ③, ③, ④, ④, ⑤, ⑤ と書かれた10枚のカードがある。これら10枚の中から5枚を選んで左から右へ並べ，5桁の(正の)整数を作る。

たとえば ①①②③④ と並べると，11234となる。

このようにしてできる5桁の整数がM通りあるとして，以下の問いに答えよ。回答するのは答えのみでよい。

(1) Mの値を求め，Mが10の倍数であることを確認せよ。

（解答らんには，Mの値のみを答えればよい。）

(2) これらM通りの数のうち，小さいほうから$\frac{M}{2}$番目の数を答えよ。

(3) これらM通りの数のうち，小さいほうから$\frac{M}{5}$番目の数を答えよ。

(4) これらM通りの数のうち，小さいほうから$\frac{M}{10}$番目の数を答えよ。

【問題2】

1辺の長さが30である正三角形 ABC がある。これを，1辺の長さが1の小正三角形に分割する。

(1) 全部でいくつの小正三角形に分かれるか，答えよ。

(2) 辺 BC 上に，BP＝10 なる点 P をとる。直線 AP によって2つの部分に分け

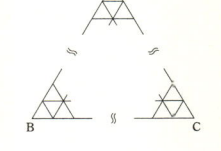

られる小正三角形はいくつあるか。
(3) 辺 AB 上に点 Q を，辺 BC 上に点 R を，辺 CA 上に点 S を，それぞれ AQ＝BR＝CS＝3.333 となるようにとる。三角形 QRS の周が通る小正三角形はいくつあるか。
(4) 三角形 ABC を，一辺の長さが 1 の正三角形のタイル（あ）と，（あ）を図のように 2 枚くっつけたタイル（い）を用いて，タイルを重ねることなく覆いたい。

このとき，（あ）のタイルは少なくとも何枚必要か。簡単な理由をつけて答えよ。　　　　　　　（あ）　（い）

【問題 3】

長方形 ABCD から，AB を 1 辺とする正方形 ABEF をとりのぞいた長方形 DFEC が，元の長方形 ABCD と相似であるとき，長方形 ABCD を「黄金長方形」といい，その 2 辺の比 $\frac{BC}{AB}$ の値を，「黄金比」という。黄金比の値は通例 ϕ（ギリシア文字で，"ファイ"と読む）で表し，この値 ϕ については，

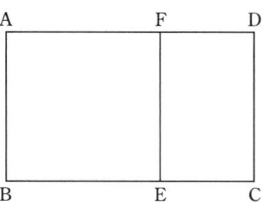

$$\phi^2 - \phi - 1 = 0$$

が成り立つことが知られている。

(1) 3 辺の比が，$\phi : 2\phi : (\phi + 2)$ の三角形は，直角三角形であることを示せ。

(2) AB＝AC である鋭角二等辺三角形 ABC の頂点 C から，AB に垂線 CD を下ろしたところ，AD : DB ＝ ϕ : 2 となった。

∠ACD ＝ ∠EBC となるように，辺 CA 上に点 E をとるとき，AE : EC の比を，ϕ を用いて表せ。

【問題4】

右図（イ）は，1辺の長さが6の正方形を，1辺の長さが1の正方形36個に分割したものである。この図の，長さが1の点線の線分のうち，n 本の線分を実線で結び，点Aから点Bに至る最短経路ができるようにしたい。

このときの，n 本の線分を実線で結ぶ方法を X_n 通りとする。

たとえば，点線の線分を10本，どのように実線で結んでもAからBに至る道はつくれないので，$X_{10}=0$ であり，また，右図（ロ）は，点線の線分を14本，実線で結んで，AからBに至る最短経路道を作った例である。右図（ハ）は，やはり点線の線分を14本，実線で結んでいるが，「最短経路」はできていない。

(1) X_{12} を求めよ。

(2) $\dfrac{X_{13}}{X_{12}}$ を求めよ。

(3) $\dfrac{X_{14}}{X_{12}}$ を求めよ。

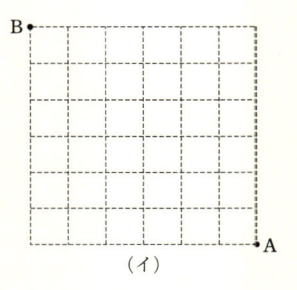

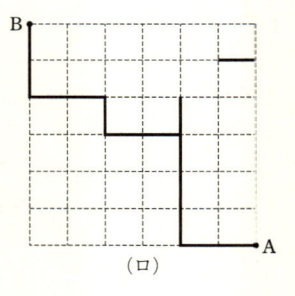

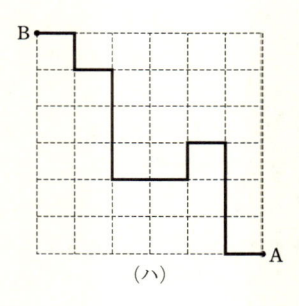

【問題5】

A君，B君，C君の3人でじゃんけんを100回したところ，99回目までで

（グー，グー，グーや，グー，チョキ，パーなどの）あいこが44回，

（グー，チョキ，チョキなどの）一人勝ちが33回，

（グー，グー，チョキなどの）二人勝ちが22回

起きていた。

また，100回目までで，3人が出した手のかたちは，グー，チョキ，パー，それぞれ100回ずつであった。このとき，100回目のじゃんけんで，次のうち起こりうるのはどれか。理由をつけて答えよ。

（あ）一人勝ち

（い）二人勝ち

（う）あいこ

2005年 第6回広中杯
トライアル問題
[制限時間] ……… 90分

【問題1】

I-(1)

1辺の長さが1の正200角形の面積をS，1辺の長さが1の正201角形の面積をTとする。

SとTの大小関係はどのようになるか，次の中から選び，記号で答えよ。

(あ) Sの方がTより大きい

(い) SとTは等しい

(う) Tの方がSより大きい

I-(2)

次の式を満たすよう，$\boxed{A}$〜$\boxed{D}$に0から9の整数を補え。
2通り以上の答えをみつけても答えるのは1組だけでよい。

$\boxed{A}\boxed{B}34+1\boxed{A}\boxed{C}4+12\boxed{A}\boxed{D}+\boxed{D}23\boxed{B}-1234=5000$

I-(3)

3辺の長さが2，4，$2\sqrt{3}$の直角三角形状の紙がある。

はさみを使ってこの紙を3辺の長さが1，2，$\sqrt{3}$の直角三角形4つに切り分ける方法は何通りあるか。

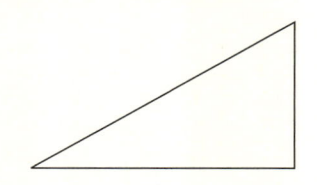

Ⅰ-(4)

ある正の数 a, b, c, d と x は
$$\frac{3a}{a+b+c+d}=\frac{4b}{a+b+c+d}=\frac{5c}{a+b+c+d}=\frac{xd}{a+b+c+d}=\frac{4}{5}$$

なる式を満たすという。x を求めよ。

Ⅰ-(5)

各桁が0または1であるような正の整数の中で,

・桁数は10桁以下

・各位のうち,1である位はちょうど5つ

の2つの条件をともに満たすような数全ての平均を求めよ。

条件を満たす数の例として,10101101などがある。

【問題2】

Ⅱ-(1)

$171.4 \times 3.28 + 114.8 \times 6.56 + 449.2 \times 4.01 - 120.3 \times 9.24$ を計算せよ。

Ⅱ-(2)

なおちゃんのお姉さんは医大生。ある日,お姉さんの受けた試験の問題を見てみると,その中に次のような問題があった。

> (問い) 次の各筋肉の名前とそれに対応する英語の組のうち,正しいものを挙げた組として最もふさわしいものを(あ)から(お)のうちから一つ選べ。
> (A) 胸鎖乳突筋:sternocleidomastoid muscle
>   棘上筋:supraspinatus muscle
> (B) 大胸筋:pectoralis major muscle
>   三角筋:deltoid muscle

(C) 僧帽筋：supraspinatus muscle
　　肩甲下筋：subscapularis muscle
(D) 棘上筋：latissimus dorsi muscle
　　大胸筋：pectoralis major muscle
(E) 三角筋：deltoid muscle
　　肩甲下筋：subscapularis muscle

(あ) A, B, C　(い) B, C, D　(う) C, D, E
(え) A, D, E　(お) A, B, E

　なおちゃんは尋ねた。
「お姉ちゃん，この(あ)から(お)の中にほんとうに答えがあるの？」
お姉さん：「ええ，もちろん。一つだけ正解があるわ」
なおちゃん：「ってことはこたえは□でしょ。私医学用語なんか全然わかんないけど，この問題なら分かるわ」
お姉さん：「正解よ。何で分かったの!?」
　お姉さんはびっくりした。
　さて，なおちゃんの答えた記号は何であったのか，(あ)から(お)の記号で答えよ。

II-(3)

三角形 ABC について，BC=3, CA=6, AB=$3\sqrt{3}$ であり，辺 BC 上の点 P，辺 CA 上の点 Q，辺 AB 上の点 R について，

・BP=1
・三角形 PQR は正三角形

が成り立っているとき，PQ の長さを求めよ。

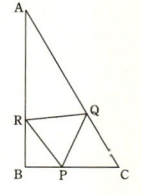

II-(4)

AからFに1から9の相異なる整数を補い,次の計算を正しくする方法は2通りある。(A〜Fは,6桁の各位を表している。)

AからFに入る数の組を2組答えよ。(1組でも採点対象になります。)

ABCDEF×3=BCDEFA

【問題3】

互いに交わらない3つの円があるとき,

その3円全てと外接する円を,3円の共通外接円

その3円全てと内接する円を,3円の共通内接円

と呼ぶことにする。(右図参照)

(1) 3つの円があり,

・各々の円の半径は1

・3円の中心をA,B,Cとしたとき,AB=3,BC=4,CA=5であるとする。この3円の共通外接円の半径を求めよ。

(2) 1辺の長さが8の正三角形XYZがある。

Xを中心とする半径2の円を C_1

Yを中心とする半径3の円を C_2

Zを中心とする半径4の円を C_3

とするとき,C_1,C_2,C_3 の共通内接円の半径Rと共通外接円の半径rの差 $R-r$ を求めよ。

ただし,C_1,C_2,C_3 に,共通内接円,共通外接円がそれぞれただ一つ存在することは,証明なしに用いてよい。

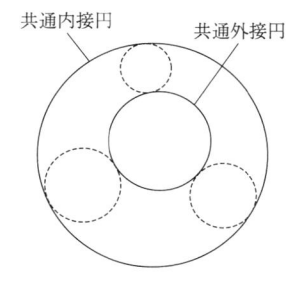

2005年 第6回広中杯 ファイナル問題
[制限時間] ……… 120分

【問題1】

0以上の整数 n に対して, $f(n)=$(10進法で n を表したときの各位の積)と約束する。ただし, $n=0$ の場合は特別に, $f(0)=0$ と約束する。

例えば
$f(2223)=2\times2\times2\times3=24$, $f(f(2223))=f(24)=2\times4=8$
である。

(1) 3桁の正の整数 n で, $f(n)=105$ を満たす<u>最小の数</u>を求めよ。

(2) 4桁の正の整数 n で, $f(n)=210$ を満たす<u>最大の数</u>を求めよ。

(3) 5桁の正の整数 n で, $f(n)=1024$ を満たすものはいくつあるか。

(4) 正の整数 n で, $f(f(2005n))\neq0$ を満たす最小のものを求めよ。

【問題2】

縦の長さも横の長さも整数であるような, 正方形でない長方形の形をした紙がある。この紙に対して, 次のような操作を繰り返す。

(操作)
その長方形にふくまれる, 最大の正方形を切り落とす。

操作後の紙が長方形であれば，操作を続け，操作後の紙が正方形であれば，そこで操作を終わる。操作が終わるまでの回数を，元の長方形の「耐数」，最後に残った正方形の1辺の長さを，元の長方形の「基本サイズ」ということにしよう。

例えば，2×5 の長方形は，図のように操作が繰り返されるので，耐数3，基本サイズ1である。

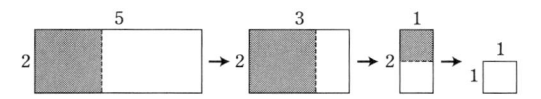

(1) 144×233 の長方形の耐数，基本サイズを求めよ。
(2) 短い方の辺の長さが整数，長い方の辺の長さが720である長方形で，耐数が6であるようなものはいくつあるか。
(3) 短い方の辺の長さが整数，長い方の辺の長さが800である長方形で，基本サイズが2であるようなものはいくつあるか。
(4) $(3^{21}-1) \times (3^{18}-1)$ の長方形の基本サイズを求めよ。

【問題3】

(1) 空間内に正四面体がある。この正四面体のそれぞれの面を含む4つの平面によって，空間はいくつの部分(領域)に分割されるか，答えよ。
(2) 空間内に正六面体(立方体)がある。この正六面体のそれぞれの面を含む6つの平面によって，空間はいくつの部分に分割されるか，答えよ。
(3) 空間内に正八面体がある。この正八面体のそれぞれの面を含む8つの平面によって，空間はいくつの部分に分割されるか，答えよ。

【問題 4 】

AB＝AC＝10，BC＝15 の △ABC の辺 BC 上に，BD＝3 となる点Dをとる。このとき，∠CAD：∠ADB を，最も簡単な比で求めよ。（途中の考え方も記しなさい。）

【問題 5 】

$A = \underbrace{444\cdots44}_{2005個}$ は，10進法で 4 が2005個並んだ整数である。

(1) A^2 を10進法で表したときの，上 2 桁を求めよ。
(2) A^2 を10進法で表したときの，下から2005桁目の数を求めよ。

 ((1), (2)とも，途中の考え方も記しなさい。)

（注）桁数が n の数に対し，上 2 桁とは 10^{n-1}，10^{n-2} の位を，下から2005桁目の数とは 10^{2004} の位を表すものとする。

　従って，234543713548の上 2 桁は「23」となるし，下から 6 桁目の数は「7」となる。

2005年ファイナル

広中杯

2006年 第7回広中杯
トライアル問題
[制限時間]……90分

【問題1】

I-(1)

2つの数

$$S = \frac{1}{2} + \frac{1}{3} + \frac{1}{4} + \cdots\cdots + \frac{1}{10}$$

($=$ 2以上10以下の整数の逆数の和)

$$T = \frac{1}{11} + \frac{1}{12} + \frac{1}{13} + \cdots\cdots + \frac{1}{100}$$

($=$ 11以上100以下の整数の逆数の和)

の大小について,正しいものを次のうちから選び,記号で答えよ。

(あ) $S > T$
(い) $S = T$
(う) $S < T$

I-(2)

14分で1周する,直径が40メートルの観覧車がある。地上から30メートル以上のところから見える景色を「すばらしい景色」ということにすると,この観覧車で1周する14分間のうち,「すばらしい景色」が見られるのは何分何秒か。ただし,観覧車のゴンドラは直径40メートルの円周上を動くものとし,この観覧車の一番高い地点は地上40メートルであるとする。また,ゴンドラは一定速度で動くものとする。

Ⅰ-(3)

一定の速度で流れる川の下流にA村が，上流にB村がある。

A村からモーターボートで川をのぼってB村に行き，またモーターボートで川を下ってA村に戻ってくることになった。

A村からエンジンをかけてB村に向かった5分後にエンジンが故障したので，エンジンを切って修理した。修理の間は，川の流れに従ってボートはA村のほうに流されていた。5分後，修理が終わったので再びエンジンをかけてB村に向かったところ，5分でB村に到着した。帰りは特に故障もなく，B村を出て5分でA村に到着することができた。（この間，ボートのエンジンはかけていたものとする。）

エンジンが故障しなければ，A村からB村には，何分何秒でつくことができただろうか？　ただし，川の流れる速度は常に一定と考えるものとする。

Ⅰ-(4)

正四面体ABCDの内部に2つの球S_1，S_2がある。

S_1が正四面体ABCDの内接球であり，S_2は3面ABC，ACD，ADBに接し，かつS_1に外接する球であるとき，S_1，S_2の体積V_1，V_2の比$\dfrac{V_2}{V_1}$の値を求めよ。

Ⅰ-(5)

9進法で表された5数8888，8887，8886，8885，8884の積 $8888 \times 8887 \times 8886 \times 8885 \times 8884$ を9進法で表したときの下4桁を求めよ。

【問題2】

Ⅱ-(1)

$1.1111 \times 1111.2 - 11.113 \times 111.14 - 111.15 \times 11.116$
$+ 1111.7 \times 1.1118$

を計算せよ。

Ⅱ-(2)

ある会社は6人の社員からなり、社長1名，副社長1名，専務1名および平社員3人からなる。平社員3人の名前は，木田，林田，森田というのだが，ややこしいことに，残りの3人の名前も木田，林田，森田というのである。なので，この会社では，社長，副社長，専務の3名に対しては「殿」をつけ，平社員3名に対しては「さん」をつけることになっている。

さて，次のことがわかっているとする。

A：木田さんは東京都に住んでいる。

B：副社長は長野県から新幹線で通勤している。

C：林田さんの年収は700万円である。

D：3人の平社員の一人は副社長の近所に住んでおり，年収は副社長のちょうど75%である。

E：森田殿は，先日専務と大げんかをした。

F：副社長と同姓の平社員は神奈川県に住んでいる。

社長，副社長の名前を答えよ。

(注：平社員とは，ここでは役職のない社員のことを指す。)

Ⅱ-(3)

たて，よこ，高さがそれぞれ2，2，10である直方体 ABCD-EFGH があり，四角形 ABCD，EFGH が正方形の面である。P，Q，R はそれぞれ辺 AE，BF，DH 上の点で，AP=2，BQ=3，DR=4 である。

3点 P，Q，R を通る平面でこの直方体を切断するとき，断面の面積を求めよ。

Ⅱ-(4)

1，2，3，4，5，6，7，8，9を並び替えてできる9桁の正整数(例えば135782469など)のうち，13の倍数であるも

のを考える。2番目に大きいものを答えよ。

【問題3】
(1) AB=2，BC=3，CA=4 である三角形 ABC の内角について，$2\angle BAC + 3\angle ACB = 180°$ が成り立つことを証明せよ。
(2) PQ=12，QR=8，RP=5 である三角形 PQR において，$\angle QPR = x$，$\angle PQR = y$ とするとき，$ax + by = 180°$ となる自然数の組 (a, b) を一組求めよ。

（途中の考え方も書くこと。）

2006年 第7回広中杯 ファイナル問題
[制限時間]……110分

【問題1】

正の整数nに対し，$n!$はn以下の全ての正の整数の積を表すものとする。例えば，

$4! = 4 \times 3 \times 2 \times 1 = 24$ である。

(1) $20!$ を素因数分解せよ。

(2) $20!$ の正の約数で，立方数であるものはいくつあるか。その個数を答えよ。ここに，立方数とは1，8，27などのように，ある正整数の3乗で表される数のことをいう。

(3) $20!$ の正の約数で，$19!$ の約数でないものはいくつあるか。その個数を素因数分解した形で答えよ。

(4) $20!$ の正の約数で，(10進法で表したときの) 各桁の和が2であるものはいくつあるか。その個数を答えよ。

(注) 正の整数を，いくつかの素数の積で表すことを「素因数分解する」という。

例えば，$48 = 2 \times 2 \times 2 \times 2 \times 3 = 2^4 \times 3$ であり，2，3はともに素数であるので，「48は $48 = 2^4 \times 3$ と素因数分解できる」となる。

【問題2】

長方形ABCDがある。

辺BC上に点M，辺CD上に点N，辺DA上に点P，
辺AB上に点Qをとったところ，
MC：CN＝MP：PQ＝3：4，CN＝ND，

$\angle \mathrm{MNP} = \angle \mathrm{MPQ} = 90°$

となった。
(1) AB：BC を求めよ。
(2) $a^2 + b^2 = 125^2$ を満たす，最大公約数が 1 である 2 つの自然数 a，b の組を一組挙げよ。

【問題 3 】

中心のわからない円 C の周上に，異なる 2 点 P，Q があり，線分 PQ は C の直径ではないことが分かっている。このとき，コンパスを 2 回，定木を 1 回用いるだけで，P における円 C の接線を引くことが可能である。その手順を述べ，その手順で引かれる直線が C の接線になっていることを証明せよ。

ここに，コンパスは円を描くことのみに，定木は異なる 2 点を通る直線を引くためのみに用いられるものとする。

【問題 4 】

正三角形状のビリヤード台 OAB がある。頂点 O からボールを発射したところ，ボールは壁と1133回反射した後に止まった。ボールを打ち出したときの角度を図のように $x\,(0° < x < 60°)$ として，次の問いに答えよ。

(注意)
・ボールはまっすぐに転がる。
・ボールが壁とぶつかると，(入射角)＝(反射角) の法則ではね返る。
・ボールが止まるのは，ボールが頂点O，A，Bのいずれかにきたときのみである。

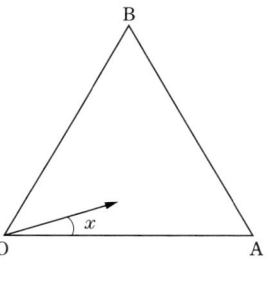

(1) xとして考えられる値はいくつあるか。
(2) ボールが止まった地点がAとすると、xとして考えられる値はいくつあるか。

((1),(2)とも、結果のみでなく途中の考え方も答えること。)

【問題5】

図1は、1辺の長さが1の立方体を3個くっつけてできる立体である。この立体を「ピース」と呼ぶことにし、このピースをいくつか組み合わせて、さまざまな立体を作ることを考える。

(1) 9個のピースを組み合わせることで、1辺の長さが3の立方体を作ることができるか。

可能ならばその作り方を分かりやすく説明せよ。不可能ならばそのことを示せ。

(2) 図2の立体は、1辺の長さが1の立方体84個の面と面をくっつけてできる立体で、1段目には1個の、2段目には$3×3=9$個の、3段目には$5×5=25$個の、4段目には$7×7=49$個の立方体がある。

この立体を28個のピースを組み合わせることで作ることができるか。可能ならばその作り方を分かりやすく説明せよ。不可能ならばそのことを示せ。

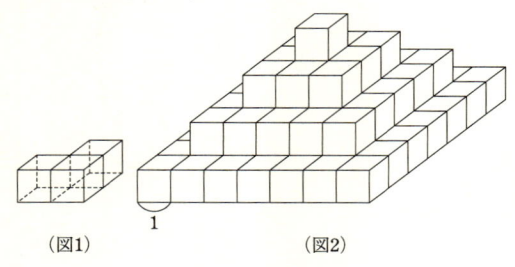

(図1) (図2)

2006年ファイナル

広中杯

2000年 2002年 第1回～第3回大会から
良問選集

【2000年トライアル問題3】

平太君は順に1からnまでの自然数すべてを黒板に書きました。

大ちゃんがその中の1個の数を消した後、平太君が残りの(n−1)個の数の平均を計算したところ、$\frac{590}{17}$になりました。

大ちゃんの消した数を求めなさい。

【2000年トライアル問題4】

次の9つのマス目に異なる9個の自然数を書き入れて、たて、横、斜め、どの1列の3個の数の積も等しくなる「かけ算魔方陣」を作りたいと思います。

このような「かけ算魔方陣」のうち、1列の3個の数の積が最小となる例を1つ、解答用紙に作りなさい。

【2000年トライアル問題7】

1辺の長さが1cmの正三角形と正方形がたくさんあります。いま、これらをすきまなく置いて最小の凸11角形（へこみのない11角形）を作るとき、次の問いに答えなさい。

(1) できた凸11角形の周の長さを求めなさい。

(2) この凸11角形を作るのに使った正三角形と正方形の個数

をそれぞれ求めなさい。

【2000年トライアル問題8】

図のように四角形 ABCD の辺 AB, BC, CD, DA 上に, それぞれ点 E, F, G, H があり,

$$\frac{AE}{BE}=\frac{CF}{BF}=\frac{CG}{DG}=\frac{AH}{DH}$$

であるとき,

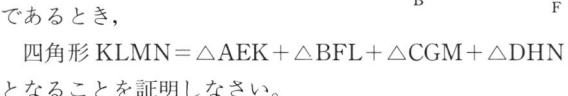

四角形 KLMN＝△AEK＋△BFL＋△CGM＋△DHN

となることを証明しなさい。

【2000年ファイナル問題2】

x の方程式

$$|2|2|2x-1|-1|-1|=x^2$$

の $0<x<1$ における解の個数を求めなさい。

ただし, 厳密な証明である必要はなく, また数式の他に図やグラフを使ってもかまいません。

【2000年ファイナル問題4】

1辺の長さが15の正六角形の板が1枚と半径1の円板がたくさんあります。いま, 正六角形の板を机の上に置きそのまわりに半径1の円板を次の条件をみたすように置いていきます。

（ア）板は重ねて置いてはいけない。

（イ）すべての円板は, 正六角形板と1点で接する。（角で接していて

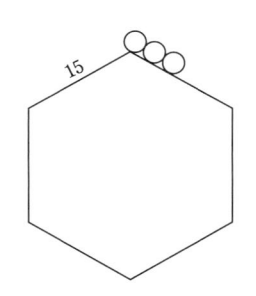

もよい)

(ウ) 隣りあう円板どうしは，接していても接していなくてもよい。

このとき，円板は最大で何枚並べることができますか。

【2000年ファイナル問題 6】

図において，△OBC と △ODA は正三角形で，AD//BC です。

いま，線分 OA，OB，CD 上にそれぞれ S，P，Q を，

$\dfrac{\text{OS}}{\text{OA}}=\dfrac{\text{BP}}{\text{BO}}=\dfrac{\text{CQ}}{\text{CD}}$ となるようにとるとき，△PQS は正三角形となることを証明しなさい。

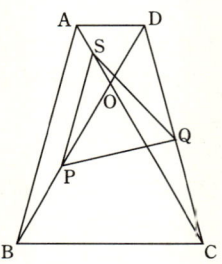

【2001年トライアル問題 1】

次の $(a) \sim (d)$ の4つの数の大きさを比較し，小さい順にそのアルファベットを書きなさい。

(a) 2^{55}　　(b) 3^{44}　　(c) 4^{33}　　(d) 5^{22}

【2001年トライアル問題 2】

次の式を計算しなさい。

$$\sqrt{2001\sqrt{2000\sqrt{1999\sqrt{1998\sqrt{1997\sqrt{1996\sqrt{1995\sqrt{1994\times1992+1}+1}+1}+1}+1}+1}+1}+1}$$

【2001年トライアル問題 3】

$[x]$ は x を超えない最大の整数を表すとき，次の式を計算しなさい。

46

$$\left[\frac{13\times 1}{2001}\right]+\left[\frac{13\times 2}{2001}\right]+\left[\frac{13\times 3}{2001}\right]+\cdots\cdots+\left[\frac{13\times 2000}{2001}\right]$$

【2001年トライアル問題4】

4けたの自然数 $\overline{abcd}$（千の位の数が a，百の位の数が b，十の位の数が c，一の位の数が d の，4けたの自然数の意。以下同様）が完全平方数（自然数を2乗した数）で，かつ1けたの自然数 a，3けたの自然数 $\overline{bcd}$ もともに完全平方数であるとき，4けたの自然数 $\overline{abcd}$ をすべて求めなさい。

【2001年トライアル問題5】

下のア～ケの9つのマスの中に，まもる君とたかし君が1，3，4，5，6，7，8，9，10の9つの数字をどれか1つずつ順番に入れていくゲームをします。ゲームの勝負はすべての数を入れた後に，まもる君は上段と下段の6つのマスの数の和を，たかし君は左列と右列の6つのマスの数の和を計算し，和の大きいほうが勝ちというゲームです。まもる君から始めるとして，まもる君が必ず勝つためには，はじめにどのマスにどの数を入れるとよいですか。答えが2通り以上ある場合でも，どれか1通りを書けば正解です。

	左列		右列
上段	ア	イ	ウ
	エ	オ	カ
下段	キ	ク	ケ

【2001年トライアル問題7】

図の△ABCにおいて，∠A＝96°，∠B＝54°，∠C＝30°，AB＝1のとき，ACの長さを求めなさい。

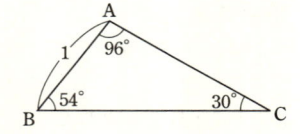

【2002年トライアル問題1】

下は2002年7月のカレンダーです。タカシ君はこの7月には毎週1回ずつ合計5回のサッカーの試合をします。試合の曜日は月曜日が1回，水曜日が2回，土曜日が1回，日曜日が1回です。タカシ君がサッカーをする日付の数の和はいくつですか。

7 月

日	月	火	水	木	金	土	
	1	2	3	4	5	6	第1週
7	8	9	10	11	12	13	第2週
14	15	16	17	18	19	20	第3週
21	22	23	24	25	26	27	第4週
28	29	30	31				第5週

【2002年トライアル問題4】

図において，
 ∠ABC＝∠CDA＝90°
 DA＝DC
 四角形ABCD＝12

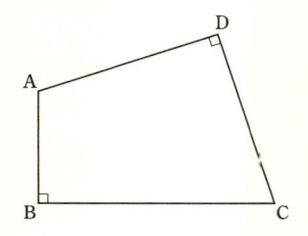

のとき，頂点Dと辺 BC の距離を求めなさい。

【2002年トライアル問題5】

1つの円周上に2002個の黒い点と1個の赤い点があります。これらの中から一部または全部の点を選んでまっすぐな線で結び多角形をできる限り作るとき，赤い点を含む多角形の個数と，黒い点だけでできる多角形の個数の差を求めなさい。

【2002年ファイナル問題1】

$[x]$でxを超えない最大の整数を表します。例えば$[2.5]=2$，$[0.2]=0$です。xが1から2002までの整数の値をとるとき $f(x)=\left[\dfrac{x^2}{20}\right]$ は何通りの値をとりえますか？

【2002年ファイナル問題2】

正m角形の内部に正n角形があるとき，交互に交わらない線分でその頂点を結んでできる三角形の総数を$f(m, n)$で表します。

例えば，$f(5, 4)$は右図より
$$f(5, 4)=11$$
です。$f(2002, 7)$の値を求めなさい。

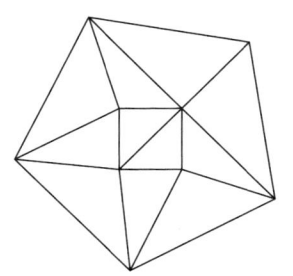

【2002年ファイナル問題3】

ピーターと平ちゃんがちょっと変わった「4目ならべ」で遊んでいます。

たて6列，横6列の計36個のマスの中に，ピーターが黒石を，平ちゃんが白石を置きます。

ピーターが最初にいくつかの黒石を置き、次に平ちゃんが空いているマスの中にすきなだけ白石を置きます。ピーターの目的は、平ちゃんがどれだけ白石を置いても、平ちゃんに「4目」を作らせないこと、つまり4つの白石が1列（たて・横・ななめ）に並ばないようにすることです。

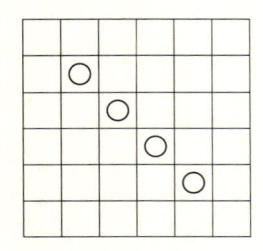

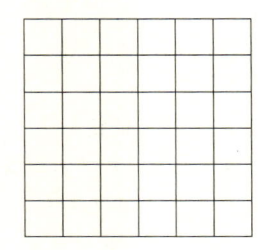

「4目」の例

(1) ピーターは最少で何個の黒石を置けばいいですか。
(2) (1)の置き方のうち、ピーターの置いた黒石が「4目」を作っているような置き方を考えられるだけ答えなさい。ただし、答えは1つとは限りません。また、答えの図のうち回転させたり、裏返したりして、すべての黒石の位置が重なるものは同じ答えとみなします。

【2002年ファイナル問題8】

　次図において、ABCDはひし形でBCの延長上にEをとり、AEとCD、BDの交点をそれぞれF、Gとします。
　いま、∠BGA：∠BAG＝1：2、EF＝21、FG＝4となるときの、ひし形ABCDの1辺の長さを求めなさい。
　（ただし図は正確とは限りません。）

2000〜2002年出題から良問選集

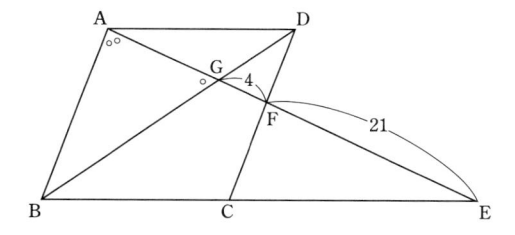

※解答編では、答えを導くプロセスの他、解説者からのコメントや知識を深めるための補足事項も掲載しています。また、毎年の問題から、とくに優れた良問を「この1題」として紹介しています。

解答編

2003年 第4回広中杯
トライアル問題
[解答編]

【問題1】

Ⅰ-(1)

2回ふるだけだから、といって $6^2=36$ 通りの目の出方を書き出した挙げ句、答えが合わないとなっては目も当てられません。

(解)

1回目のサイコロの出目にかかわらず、2回目にはある特定の目が出なければ出た目の和は6の倍数とはなりません(例えば、1回目に2の目が出たら、2回目は4が出なければ、1回目に6の目が出たら、2回目は6が出なければなりません)。

従って、求めるべき確率は $\boxed{\dfrac{1}{6}}$ とわかります。

Ⅰ-(2)

普通に計算してしまっては、3桁×3桁の計算を強いられ、すこしいやなにおいがします。うまく工夫して!

(解)

$$\begin{aligned}&3.14^2+4.36^2-11.5^2+3.14\times 8.72\\=&(3.14^2+2\times 3.14\times 4.36+4.36^2)-11.5^2\\=&(3.14+4.36)^2-11.5^2\end{aligned}$$

$= 7.5^2 - 11.5^2$
$= (7.5 + 11.5)(7.5 - 11.5)$
$= 19 \times (-4) = \boxed{-76}$

I-(3)

π はただの「まやかし」です。気がつきましたか？

（解）

与えられた式から，
$$\pi(y-12) = x-15 \quad \cdots ①$$
$$\pi(x+2000) = y+2003 \quad \cdots ②$$
がわかります。①，②の辺々を加えると，
$$\pi(x+y+1988) = x+y+1988$$
となるので，
$$(\pi-1)(x+y+1988) = 0 \quad \cdots ③$$
です。$\pi - 1 \neq 0$ ですから，③の両辺を $\pi - 1$ で割ると
$$x+y+1988 = 0$$
従って，$x+y = \boxed{-1988}$ とわかります。

I-(4)

立方体に何かがくっついた様な立体ができることはイメージできますが，問題はその「何か」の体積です。

（解）

まず，正方形の面のみを組み立てると，右図の様に，立方体状の

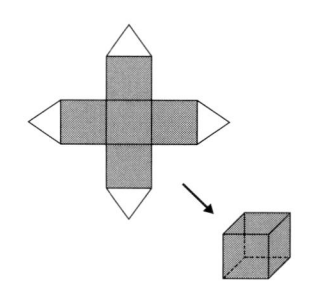

容器が出来ます。そして，二等辺三角形の面は，この容器の「屋根」となる四角錐を作ります。

1辺の長さが2の立方体の対角線の長さは，三平方の定理を2回使うことで，
$$\sqrt{2^2+2^2+2^2}=2\sqrt{3}$$
と求まります。これを元に考えると，「屋根」の四角錐は，下図のような，立方体を6等分したものの一つとわかりますから，「屋根」の体積は
$$2\times 2\times 2\times \frac{1}{6}=\frac{4}{3}$$
とわかります。

立方体の部分の体積は8ですから，以上より求めるべき体積は
$$8+\frac{4}{3}=\boxed{\frac{28}{3}}$$
とわかります。

I -(5)

おうぎ形の中に窮屈に収まっている四角形といった感じですね。いびつな形のままでは求めにくそうですから，まずは面積の等しい簡単な図形に変形することを考えます。

(**解**)

まず，∠OCD＝∠CDBより
  BD//CO …①
がわかります。よって

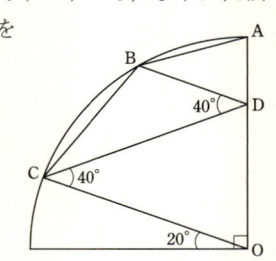

[解答] 2003年トライアル

$$\triangle BCD = \triangle BOD$$

なので,

　　　四角形 ABCD $= \triangle AOB$ …②

となります。

また，$\triangle COD$ は，条件より

　　　$\angle COD = 70°$, $\angle OCD = 40°$

ですから, $\angle CDO = 70°$ となるので, 二等辺三角形です。よって,

　　　$CD = CO$

とわかります。CO, BO はともにおうぎ形の半径ですから,

　　　$CO = BO$

　よって

　　　$CD = BO$ …③

とわかります。

①, ③から, 四角形 BCOD は, 対角線の長さが等しい台形, 即ち等脚台形とわかりますから,

　　　$\angle OCD = \angle COB = 40°$

となり，よって

　　　$\angle AOB = 90° - 20° - 40° = 30°$ …④

です。

B から OA に垂線 BH を下ろせば，④から $\triangle OHB$ は $1:2:\sqrt{3}$ の直角三角形となりますから,

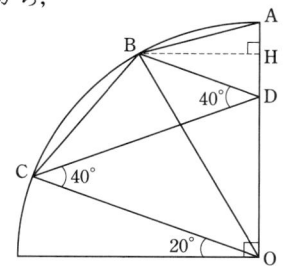

$$BH = \frac{1}{2}OB = 3$$

従って,

$$\triangle AOB = \frac{1}{2} \times 6 \times 3 = 9$$

となります。よって，②から

　　　四角形 ABCD $= \boxed{9}$

となります。

【問題2】

Ⅱ-(1)

うっかり「△PBQ，△SRC は正三角形」としてしまってはいけません。（※方べきの定理については，94ページの解説を参照してください。）

(解)

PB=SC=x，BQ=y，CR=z とおきます。

方べきの定理から，

$$AB \cdot PB = RB \cdot QB$$
$$AC \cdot SC = QC \cdot RC$$

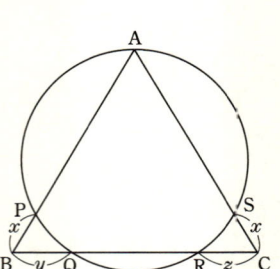

が成り立つので，

$$(7+x)x = (5+y)y \cdots ①$$
$$(7+x)x = (5+z)z \cdots ②$$

となります。

①，②から

$$(5+y)y = (5+z)z \cdots ③$$

となるので，

$$y = z \cdots ④$$

がわかります。④と，AB=BC から，

$$7+x = 5+2y$$

整理して

$$x = 2y-2$$

これを①に代入して，

$$(2y+5)(2y-2) = (5+y)y$$

整理して
$$3y^2 + y - 10 = 0$$
$$(3y-5)(y+2) = 0$$
$y > 0$ なので
$$y = \frac{5}{3}$$
とわかります。よって④より,正三角形の1辺の長さは
$$5 + y + z = 5 + \frac{5}{3} \times 2 = \boxed{\frac{25}{3}}$$
と求まります。
※厳密には,③から④を導くには,③を
$$y^2 - z^2 + 5(y-z) = 0$$
$$(y-z)(y+z+5) = 0$$
と変形して,y,z が正であることから
$$y - z = 0$$
と結論付ける必要があります。

Ⅱ-(2)

全体の勝ち数と負け数は必ず等しくなります。チームEはみなさん忙しかったのでしょうか。

(解)

チームFの成績が p 勝 q 敗であったとします。チームA〜Fの勝ち数の和と,負け数の和は等しくなりますから,
$$60 + 42 + 10 + 28 + 3 + p = 29 + 30 + 10 + 37 + 4 + q$$
整理して
$$q = p + 33 \quad \cdots ①$$
とわかります。

p, q はそれぞれ 0 以上の整数ですから，①より
$$p \geq 0, \quad q \geq 33$$
がわかるので，チームFは少なくとも 0+33=33 試合したことがわかります。

実際，チームA～Fの対戦成績が下表の様な場合，チームFの試合数は33試合となりますから，チームFは少なくとも $\boxed{33試合}$ したといえます。

	A	B	C	D	E	F	計
A		30-1	0-1	29-26	0-1	1-0	60-29
B	1-30		10-0	1-0	3-0	27-0	42-30
C	1-0	0-10		6-0	1-0	2-0	10-10
D	26-29	0-1	0-6		0-1	2-0	28-37
E	1-0	0-3	0-1	1-0		1-0	3-4
F	0-1	0-27	0-2	0-2	0-1		0-33

※問題文には，どの2つのチームも少なくとも1度は対戦する，とは明記されていませんが，そのような条件がついていたとしても，先の表の対戦例はこの条件を満たしているので，答えは変わりません。

II-(3)

最近，わが国では消費税はステルス税となり，このような消費税の計算がレジで行われることは無くなりました。

(解)

消費税加算後の金額となりえない値はどのような値かを考えます。

金額 m を21で割ったときの商と余りをそれぞれ q，r としま

す($0 \leq r \leq 20$ です)。

このとき,
$$m = 21q + r \cdots ①$$
となります。

この金額mに対する消費税加算前の金額をm'とし,m'を20で割った商と余りをそれぞれq',r'とします($0 \leq r' \leq 19$ です)。このとき,
$$m' = 20q' + r'$$
となります。

さて,mは$m' \times 1.05$の小数点以下を四捨五入した値ですが,
$$m = m' \times 1.05 = 21q' + 1.05r' \cdots ②$$
で,$21q'$は整数ですから,四捨五入すべき値は$1.05r'$です。$r' = 0, 1, 2, \cdots, 19$のとき,$1.05r'$を四捨五入した値は,次表の様になるので,21未満です。よって①,②を比較して,
$$q = q',\quad r = (r' \times 1.05 \text{を四捨五入した値}) \cdots ③$$
となることがわかります。

r'	0	1	2	3	4	5	6	7	8	9
$r' \times 1.05$	0	1.05	2.1	3.15	4.2	5.25	6.3	7.35	8.4	9.45
四捨五入後	0	1	2	3	4	5	6	7	8	9

r'	10	11	12	13	14	15	16	17	18	19
$r' \times 1.05$	10.5	11.55	12.6	13.65	14.7	15.75	16.8	17.85	18.9	19.95
四捨五入後	11	12	13	14	15	16	17	18	19	20

表より,rのとりえない値は10のみとわかるので,①,③から,mとしてとりえない値は
$$m = 21q + 10 \quad (q \text{は0以上の整数})$$
と表せるもののみとわかります。

よって,求めるべきは,2003の倍数で,21で割った余りが10

となるような最小の金額です。2003を21で割った余りは8ですから，$8k$を21で割った余りが10となるような自然数kをさがせばよく，$k=17$で初めて余りが10となることがわかるので，以上から，求めるべき金額は
$$2003 \times 17 = \boxed{34051} \text{円}$$
とわかります。

II-(4)

$n=66$のときは，$66!$も$68!$も$66 \times 55 \times 44 \times 33 \times 22 \times 11$の倍数ですから，$68!-66!$が$11^6$で割り切れることはわかりますが，果たして66より小さいもので，条件を満たすものはあるのでしょうか。

(解)
$$(n+2)! = (n+2)(n+1) \cdot n!$$
ですから，
$$(n+2)! - n! = \{(n+2)(n+1) - 1\} \cdot n!$$
$$= (n^2 + 3n + 1) \cdot n!$$
です。

$1 \leq n < 11$のとき
$n!$は11で割り切れません。また，
$$n^2 + 3n + 1 < 11^2 + 33 + 1 < 11^6$$
なのでn^2+3n+1は11^6で割り切れません。よって，条件を満たすnはありません。

$11 \leq n < 22$のとき
$n!$は11でちょうど1回割ることが出来ます。しかし，
$$n^2 + 3n + 1 < 22^2 + 66 + 1 < 22^3 < 11^4 < 11^5$$
なので，n^2+3n+1は11^5で割り切れません。よって，条件を

満たす n はありません。

22≦n<33 のとき

$n!$ は11でちょうど2回割り切ることが出来ます。しかし,
$$n^2+3n+1<33^2+99+1<9\cdot11^2+11^2<11^3<11^4$$
なので n^2+3n+1 は 11^4 で割り切れません。よって,条件を満たす n はありません。

n≧33 のとき

$n!$ は11で3回以上割り切ることが出来ます。

$n=35$ のとき,
$$n^2+3n+1=35^2+3\times35+1=1331=11^3$$
なので,このとき $(n^2+3n+1)\cdot n!$ は 11^6 で割り切れます。

$n=34,33$ のときは,
$$n^2+3n+1<35^2+3\times35+1=11^3$$
なので n^2+3n+1 は 11^3 で割り切れません。

よって,条件を満たす最小の自然数は $n=\boxed{35}$ とわかります。

【問題3】

Ⅲ-(1)

こんな魔法の倉があったら,私なら金塊を入れておくことでしょう。ダイヤモンドとかは? 妄想が膨らみます。

(解)

ある年の元旦に,倉の中に米が x kgあったとします。また,神様は1月には米を a_1 倍,2月には米を a_2 倍,……,12月には米を a_{12} 倍してくれるものとします。すると,

1月末には米は $a_1 x$ kg

2月1日には米は $a_1 x+1$ kg

2月末には米は $a_2(a_1x+1)$ kg
　　　3月1日には米は $a_2(a_1x+1)+1$ kg
　　　3月末には米は $a_3(a_2(a_1x+1)+1)$ kg
　　　　　　　　$\vdots$

となって，
　　　12月末には米は
　　　$a_{12}(a_{11}(a_{10}(\cdots(a_2(a_1x+1)+1)+1)\cdots)+1)$ kg

となります。そして，これが翌年の元旦に倉の中に入っている米の量となります。

　式は複雑ですが，これを展開したものは x の一次式になっていますから，これを展開した結果を
　　　$a_{12}(a_{11}(a_{10}(\cdots(a_2(a_1x+1)+1)+1)\cdots)+1)=px+q$
とおくことにしましょう（p，q は定数です）。

　条件より，$x=10$ のときは $px+q$ は90で，$x=90$ のときは $px+q$ は570です。よって
$$\begin{cases} 10p+q=90 \\ 90p+q=570 \end{cases}$$
とわかります。この連立方程式を解くと
　　　$p=6$，$q=30$
なので，2004年の元旦には米は
　　　$570\times 6+30=\boxed{3450}$ kg
になるとわかります。

Ⅲ-(2)

　2番目の条件が曲者です。中点連結定理が使えそうで使えない。ならば使えるように補助点をとってみましょう。

[解答] 2003年トライアル

（解）

辺 CD の中点を L とします。このとき，中点連結定理から

$$LM = \frac{1}{2}DA = \frac{3}{2} \cdots ①$$

$$LN = \frac{1}{2}CB = 3 \cdots ②$$

となります。

条件より，

$$MN = \frac{3}{2} \cdots ③$$

ですから，①，②，③より

$$LM + MN = LN$$

が成り立つことがわかりますから，

　　　L，M，N は同一直線上にある …④

ことがわかります。

さらに中点連結定理から，

　　　LM//AD，LN//BC

がいえますが，④より直線 LM，LN は同一の直線であるので，

　　　AD//BC

であるとわかります。つまり，四角形 ABCD は台形とわかります。

以上を反映させた図が次図です。

いま，四角形 ABED が平行四辺形となるように線分 BC 上に点 E をとります。このとき，

　　　BE = AD = 3

　　　DE = AB = 4

ですから，

　　　EC = 6 - 3 = 3

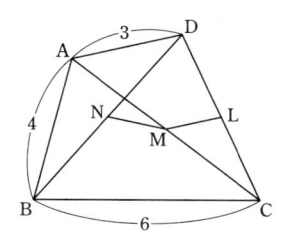

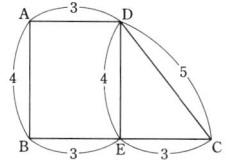

65

よって，△CDE は 3 辺の長さが 3，4，5 の直角三角形とわかります。このことから，台形 ABCD の高さが DE＝4 であるとわかるので，以上から

$$（四角形ABCD）=\frac{AD+BC}{2}\times DE=\frac{3+6}{2}\times 4=\boxed{18}$$

と求まります。

Ⅲ-(3)

ハードな計算をすれば x_{12} は具体的に求めることができにするのですが，ここはうまく頭を使って解決したいところです。

(解)

以下，タイルを ― で表すことにします。

(問1)

x_1，x_2，x_3 と順に求めてゆくことにします。

まず，x_1 は

の 3 通りのしきつめ方があるので，

$$x_1=3$$

とわかります。

x_2 以降を考える上で，次図の様に，タイルの「へり」が縦の方向に一直線に並ぶことを，「分断線がある」ということにします。

→分断線

[解答] 2003年トライアル

3×4の長方形をしきつめるとき、分断線があるとすれば、その分断線は、次図の l のみです。

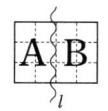

l が分断線となっているとき、左側(A)の区画のタイルのしきつめ方は $x_1=3$ 通り、右側(B)の区画のタイルのしきつめ方も $x_1=3$ 通りですから、この場合

$3 \times 3 = 9$ …①

通りのしきつめ方があることになります。

l が分断線となっていないとき、可能なしきつめ方は次の2通りです。…②

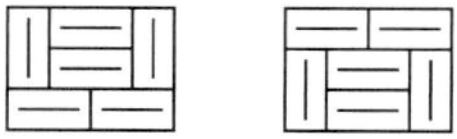

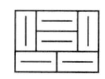

①、②より、

$x_2 = 9 + 2 = 11$ …③

とわかります。

3×6の長方形をしきつめるとき、分断線のパターンは次の4通りです。

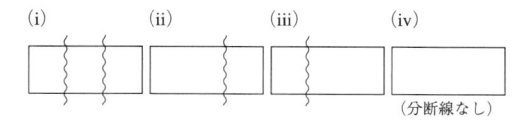

(i)　　(ii)　　(iii)　　(iv)

(分断線なし)

(i)のとき、しきつめ方は

$x_1 \times x_1 \times x_1 = 27$ 通り …④

(ii)、(iii)のとき、しきつめ方はそれぞれ

$x_1 \times 2 = 6$ 通り …⑤

です。×2の「2」は，②で求めた2です。

(iv)のとき，しきつめ方は次の2通り…⑥です。

(ア)　　(イ)

④，⑤，⑥から，
$$x_3 = 27 + 6 + 6 + 2 = \boxed{41}$$
とわかります。

(問2)

$3 \times 2n$ の長方形をよこに2等分する，次図のような直線を m とします。

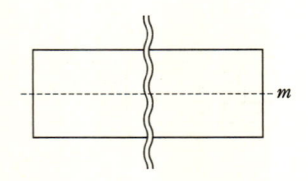

mに関して線対称となるようなしきつめ方は，2×1のタイルを全て横向きに同方向に並べる1通りのみです。

mに関して線対称とならないようなしきつめ方は，mに関して対称移動したしきつめ方とペアにすることが出来ます。例えば，(問1)の(iv)のパターンのように，(ア)のしきつめ方のペアの相手は(イ)のしきつめ方となります。

よって，
$$x_n = 2 \times (ペア数) + 1$$
となるので，必ず奇数となります。(証明終了)

(問3)

3×24 の長方形のタイルのしきつめ方のうち，4ずつの間隔で分断線のあるものを考えます。

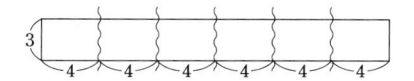

[図: 3×4の区画が6つ連結された長方形、上辺に3、下辺に4が繰り返し記載]

　このようなものは，それぞれの 3×4 の区画のしきつめ方が $x_2=11$ 通りですから，合計で 11^6 通りあります。
　よって
$$x_{12}\geqq 11^6$$
とわかりますが，
$$11^6=121^3>120^3$$
です。よって
$$x_{12}>120^3$$
がいえました。（証明終了）

※実は，$x_{n+2}=4x_{n+1}-x_n$ という関係式が成り立ちます。これを使うと，問2は簡単に解決できるのですが，問3では結構な労力が必要で，実用的ではありません。

　ちなみに，この関係式を使って x_n を順次計算していくと，次のようになります。

n	1	2	3	4	5	6	7	8	9	10	11	12
x_n	3	11	41	153	571	2131	7953	29681	110771	413403	1542841	5757961

2003年 第4回広中杯
ファイナル問題
[解答編]

【問題1】

カードを並べたり，引っこ抜いたり，大変です。

(解)

(1) (a)

各位の平均は，1，2，3，4，5の平均の3となりますから，出来上がる5桁の整数の平均は $\boxed{33333}$ となります。

(b)

5桁の数を $\overline{abcde}$ と表すと，

$\overline{abcde} = 10000a + 1000b + 100c + 10d + e$
$\phantom{\overline{abcde}} = (9999+1)a + (1001-1)b + (99+1)c + (11-1)d + e$
$\phantom{\overline{abcde}} = 9999a + 1001b + 99c + 11d + (a+c+e-b-d)$

で，9999，1001，99，11は全て11の倍数ですから，$\overline{abcde}$ を11で割った余りは $a+c+e-b-d$ を11で割った余りと同じとわかります。a，b，c，d，e は1，2，3，4，5の並び替えですから，1，2，3，4，5のどの3つが a，c，eに当たるか，で場合分けして余りを求めると，

a, c, e の組	b, d の組	余り
1　2　3	4　5	8
1　2　4	3　5	10
1　2　5	3　4	1
1　3　4	2　5	1

```
    1  3  5  │  2  4  │  3
    1  4  5  │  2  3  │  5
    2  3  4  │  1  5  │  3
    2  3  5  │  1  4  │  5
    2  4  5  │  1  3  │  7
    3  4  5  │  1  2  │  9
```

となるので，余りとして考えられる数は

$$\boxed{1,\ 3,\ 5,\ 7,\ 8,\ 9,\ 10}\text{ の 7 個}$$

となります。

(2) (a)

　　$\boxed{+}$ のカードは

　　　　$100 - 1 = 99$ 枚 …①

　　$\boxed{1}$ ～ $\boxed{9}$ を表すカードは

　　　　9 枚 …②

　　$\boxed{1}\boxed{0}$ ～ $\boxed{9}\boxed{9}$ を表すカードは

　　　　$2 \times 90 = 180$ 枚 …③

　　$\boxed{1}\boxed{0}\boxed{0}$ を表すカードは

　　　　3 枚 …④

あるので，①～④の和で，計

$$99 + 9 + 180 + 3 = \boxed{291} \text{ 枚}$$

とわかります。

(b)

　1 から 100 までの和は

$$\frac{100 \times 101}{2} = 5050$$

ですから，$\boxed{+}$ のカードを 1 枚抜くことで，和が 4950 だけ増えればよいとわかります。

　まず，$\boxed{1}$ ～ $\boxed{9}$ までの間，および $\boxed{9}\boxed{9}$ と $\boxed{1}\boxed{0}\boxed{0}$ の間の $\boxed{+}$ を抜いて 4950 増えることはありません。

$\boxed{9}$〜$\boxed{99}$ の間のどこかの $\boxed{+}$ を抜くとき,その $\boxed{+}$ が a と $a+1$ の間にあれば,$\boxed{+}$ を抜くことで $99a$ だけ和が増えます。

  よって,
$$99a = 4950$$
となる a を考えればよく,この a の方程式を解くと
$$a = 50$$
とわかるので,

$\boxed{50\text{と}51\text{の間}}$ の $\boxed{+}$

を抜けばよいとわかります。

【問題2】

  約数の和は,素因数分解を利用して求めることが出来ます。そのメカニズムを知らないと,かなり手ごわいでしょう。

(解)

(1) $45 = 3^2 \cdot 5$ です。45の約数は,
$$(1 + 3 + 3^2)(1 + 5)$$
を次のように「展開」することで全て得ることが出来ます。
$$(1 + 3 + 3^2)(1 + 5) = 1 + 3 + 3^2 + (1 + 3 + 3^2) \cdot 5$$
$$= 1 + 3 + 3^2 + 5 + 3 \cdot 5 + 3^2 \cdot 5$$

  この右辺は45の正の約数の和を表していますから,この値を左辺で計算して
$$(1 + 3 + 9)(1 + 5) = \boxed{78}$$
とわかります。

(2) $450 = 2 \cdot 3^2 \cdot 5^2$ です。この正の約数で,平方数であるもののみが出てくるようにするには,
$$(1 + 3^2)(1 + 5^2)$$
を展開すればよいので,求めるべき和は

[解答] 2003年ファイナル

$$(1+9)(1+25)=\boxed{260}$$

となります。

(3) 具体的に平方数である約数が列挙できる,簡単な数で見つけてみることにします。

2^n の形の数を考えると,この正の約数で平方数であるものは

$$1,\ 2^2,\ 2^4,\ \cdots$$

です。

$$1+2^2{=}_5+2^4{=}_{21}+2^6{=}_{85}+2^8{=}_{341}+2^{10}{=}_{1365}$$

(右下の数字は,そこまでの和を表しています)
と計算してゆくと,

$$1+2^2+2^4+2^6+2^8+2^{10}=1365=15\times 91$$

が見つかるので,

$$n=2^{10}=\boxed{1024}$$

が条件を満たす正の整数 n の1つであるとわかります。

※他にも,$n=144$ などがあります。

(4) n の素因数分解の形で分けて考えると,

$$n=5625=3^2\times 5^4$$

は,平方数である約数の和が

$$(1+3^2)(1+5^2+5^4)=10\times 651=15\times 434$$

であるので,条件を満たす数であることがわかります。

これよりも小さい,条件を満たす正の奇数 n が存在しないことを示します。n を素因数分解したときの形で場合分けします。以下,p,q,r は(互いに異なる)奇数の素数とし,i,j,k は2以上の整数とします。

(ⅰ) $n=p^i$ の形のとき

$p=3$ のとき,平方数の約数の和は3で割って1余る数となるので不適です。

$p=5$ のとき,平方数の約数の和は5で割って1余る数となるのでやはり不適です。

$p=7$ のとき,$1+7^2$,$1+7^2+7^4$ は15の倍数ではないので,$i \geqq 6$ でなくてはいけませんが,このとき
$$p^i \geqq 7^6 > 5625$$
となるので,5625を下回るものはありません。

$p \geqq 11$ のとき,$1+p^2$ は3の倍数ではないので,$i \geqq 4$ でなくてはいけませんが,このとき
$$p^i \geqq 11^4 > 5625$$
となるので,5625を下回るものはやはりありません。

(ⅱ) $n=p^i q^j$ の形のとき

p^2+1,q^2+1 が決して3の倍数とならないこと,および,$p=3$,$q=5$,$i=j=4$ のとき既に5625を超えてしまっていることより,$n<5625$ となるものはないことがわかります。

(ⅲ) $n=p^i q^j r^k$ の形のとき
$$n \geqq 3^2 \cdot 5^2 \cdot 7^2 > 5625$$
となるので,やはり5625を下回ることはありません。素因数分解したときの素数の個数が4つ以上になっても同様です。

以上より,条件を満たす奇数 n で,5625よりも小さいものは存在しないことがいえたので,$n=\boxed{5625}$ が答えとなります。

【問題3】

いわゆる「難角問題」と呼ばれる問題です。まともに角度を追ってゆくだけではうまく行かず,巧妙な補助線を必要とする問題を総称して,このようにいいます。本問の場合は,あえて2問をセットにすることで,背景にあるものに気づきやすくされています。えっ,それは何かって?

[解答] 2003年ファイナル

(解)

(1) 次図は，正五角形と正三角形を組み合わせたものです。

この図の四角形 ABCD は，

$AC = AD$
$DB = DC$
$\angle BDC = 36°$
$\angle ADB = 30°$
$\angle ACB = 6°$

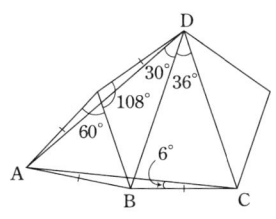

を満たしているので，この図で $\angle BAC$ を求めれば良いとわかります。

$\triangle BAC$ は二等辺三角形ですから，

$\angle BAC = \angle BCA = \boxed{6°}$

となります。

(2) 次図も，正五角形と正三角形を組み合わせたものです。

この図の4点A，B，C，Dは

$\angle DBA = 30°$
$\angle DBC = 42°$
$\angle DCA = 18°$
$\angle DCB = 54°$

を満たしているので，この図で $\angle BAD$ を求めればよく，

$\angle AEB = 108°$

（正五角形の内角）

より

$\angle EAB = 36°$

がわかるので，

$\angle BAD = 60° - 36° = \boxed{24°}$

と求まります。

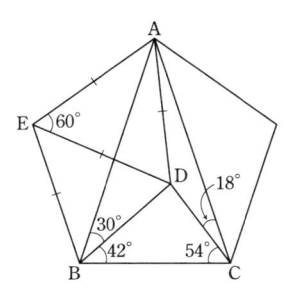

※背景にあるもの，とは正五角形と正三角形だったわけですね。30°，36°，54°といった数値から類推できましたか？

【問題4】

(2)のみで出題されたら途方にくれてしまうでしょう。(1)をいかにヒントとして使うかがカギとなります。

(解)

(1) 一般に，正k角形の1つの内角は

$$180° - \frac{360°}{k}$$

となるので，問題文の条件は，

$$180° - \frac{360°}{m} + 2\left(180° - \frac{360°}{n}\right) = 360° \quad \cdots ①$$

となります（右図参照）。

①を整理すると，

$$\frac{2}{m} + \frac{4}{n} = 1$$

となり，この両辺に mn をかければ

$$2n + 4m = mn$$

これを

$$(m-2)(n-4) = 8$$

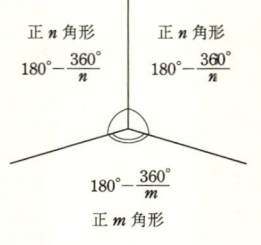

と変形すると，$m-2$，$n-4$ はともに8の約数で，積が8となることがわかります。よって，

$$(m-2, n-4) = (1, 8), (2, 4), (4, 2), (8, 1)$$

の4通りが考えられ，従って

$$(m, n) = (3, 12), (4, 8), (6, 6), (10, 5)$$

とわかります。よって，$(m, n) = (6, 6)$ 以外には，

[解答] 2003年ファイナル

$$(m, n) = \boxed{(3, 12), (4, 8), (10, 5)}$$

があるとわかります。

(2) 前問に続き，P，Q，R の内角には 36°，72° といった，正五角形をにおわせる数値が現れています。そこで，(1)に出てくる正五角形を実際に描いてみることにします。そうです，$(m, n) = (10, 5)$ の場合です（正十角形の外側に正五角形がくっついている状態）。下図では，1辺の長さを2として描いています。

図の様に，頂点を

P_1，P_2，$\cdots$，P_{10}
Q_1，Q_2，$\cdots$，Q_{10}
R_1，R_2，$\cdots$，R_{10}

とおきます。

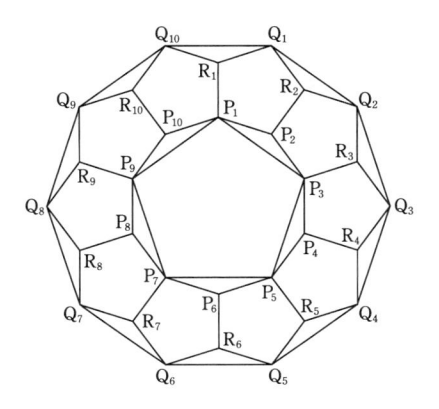

そして，X，Y，Z，W を

X：正五角形 $P_1 P_3 P_5 P_7 P_9$

Y：正十角形 $Q_1 Q_2 Q_3 Q_4 Q_5 Q_6 Q_7 Q_8 Q_9 Q_{10}$

Z：正五角形 $P_1 P_2 R_2 Q_1 R_1$

$$W:\text{正十角形 } P_1P_2P_3P_4P_5P_6P_7P_8P_9P_{10}$$

とし，X，Y，Z，W の面積を x，y，z，w とおきます。

X と Y の1辺の長さは等しく，Z と W の1辺の長さも等しいので，

$$x:y=z:w \cdots ①$$

となります。

ここに，

$$\begin{aligned} z&=5r \\ w&=10p \end{aligned} \cdots ②$$

であり，かつ $\triangle P_1P_2P_3$ の面積は q と等しくなる（P_2 から下ろした垂線で2等分し，この垂線を底辺としてくっつけると Q になるから）ことから，

$$\begin{aligned} x&=10p-5q \\ y&=10p+10q+50r \end{aligned} \cdots ③$$

となります。

②，③を①に代入すれば，

$$(10p-5q):(10p+10q+50r)=5r:10p$$

整理して，

$$(2p-q):(2p+2q+10r)=r:2p$$
$$(2p-q):(p+q+5r)=r:p$$

となり，示すべき式（＊）が導けました。（証明終了）

【問題 5】

2003年の「この1題」

(1)と(2)で聞かれていることは一見全然違うように見えますが，実は同じことを問われています。なかなかしゃれています。

[解答] 2003年ファイナル

(解)

(1) 12人が勝手に並ぶ過程において,背の高い人から順番に並びの列に加わってゆくと考えます。このとき,列が出来上がる途中の段階であっても,カメラマンのいうとおりになっていなければいけません。

男性6人を,背の高い順に
$$M_1, M_2, \cdots, M_6$$
とし,女性6人を,背の高い順に
$$W_1, W_2, \cdots, W_6$$
としましょう。

M_1 が並んだ状態に,W_1 が加わるとき,条件を満たすには W_1 は M_1 の右側に並ぶしかありません。W_1 が「適当に」列に加わるとき,この様になる確率は
$$\frac{1}{2}$$
です。いま,この確率 $\frac{1}{2}$ に堪えて,W_1 が M_1 の右側に並んだとしましょう。

次いで M_2 が列に加わるわけですが,M_2 はどこに並んでも条件を満たします。

この,3人が並んだ状態で,左端の人は必ず男性になっていることに注意します。

W_2 が列に加わるとき,W_2 のはいることのできる場所は次図の4ヵ所ですが,このとき,一番左側に並ばない限りは条件を満たします。一番左側に並ばない確率は
$$\frac{3}{4}$$

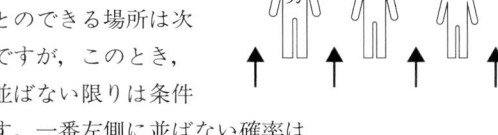

です。W_2 がこの確率 $\frac{3}{4}$ に堪え，左端以外に並んだとしましょう。

以下，同様に考えてゆくと，

　　　新しく並ぶ男性はどこに並んでも良い

　　　新しく並ぶ女性は左端以外に並ぶと良い

となるので，結局，12人並び終えた時点でカメラマンの言う条件を満たしている確率は

$$\frac{1}{2} \times \frac{3}{4} \times \frac{5}{6} \times \frac{7}{8} \times \frac{9}{10} \times \frac{11}{12} = \boxed{\frac{231}{1024}}$$

とわかります。

(2)

$\boxed{-f_1}$ のカードの左側には，$\boxed{f_2}$, $\boxed{f_4}$, $\boxed{f_6}$, $\boxed{f_8}$, $\boxed{f_{10}}$, $\boxed{f_{12}}$ のいずれかのカードが無くてはいけません。

$\boxed{-f_3}$ のカードの左側には，$\boxed{f_4}$, $\boxed{f_6}$, $\boxed{f_8}$, $\boxed{f_{10}}$, $\boxed{f_{12}}$ のいずれかのカードが無くてはいけません。

$\boxed{-f_5}$ のカードの左側には，$\boxed{f_6}$, $\boxed{f_8}$, $\boxed{f_{10}}$, $\boxed{f_{12}}$ のいずれかのカードが無くてはいけません。

$\boxed{-f_7}$ のカードの左側には，$\boxed{f_8}$, $\boxed{f_{10}}$, $\boxed{f_{12}}$ のいずれかのカードが無くてはいけません。

$\boxed{-f_9}$ の左側には $\boxed{f_{10}}$, $\boxed{f_{12}}$ のいずれかが，$\boxed{-f_{11}}$ の左側には $\boxed{f_{12}}$ が無くてはいけません。

(ここでいう「左側」とは，すぐとなりのカードのみを指すわけではないことに注意してください)

また，以上の条件を満たしていれば，逆に問題の条件を満たします。

このことは，直接確かめることが可能です。

[解答] 2003年ファイナル

以上より，
$\boxed{-f_1}$, $\boxed{-f_3}$, $\boxed{-f_5}$, $\boxed{-f_7}$, $\boxed{-f_9}$, $\boxed{-f_{11}}$ のカードを (1) の
W_6, W_5, W_4, W_3, W_2, W_1 と，
$\boxed{f_2}$, $\boxed{f_4}$, $\boxed{f_6}$, $\boxed{f_8}$, $\boxed{f_{10}}$, $\boxed{f_{12}}$ のカードを (1) の
M_6, M_5, M_4, M_3, M_2, M_1 と考えれば，求めるべき確率は，(1) と全く同じであるとわかるので，答えは $\boxed{\dfrac{231}{1024}}$ とわかります。

2004年 第5回広中杯
トライアル問題
[解答編]

【問題1】

Ⅰ-(1)

（　　）の中を計算して，とやっていたのでは大変です。

(解)

$$\left(\frac{11}{31} - \frac{5}{7}\right) + 2\left(\frac{6}{7} - \frac{7}{19}\right) - 3\left(\frac{8}{19} - \frac{17}{31}\right)$$

$$= \frac{11}{31} - \frac{5}{7} + \frac{12}{7} - \frac{14}{19} - \frac{24}{19} + \frac{51}{31}$$

$$= \frac{62}{31} + \frac{7}{7} - \frac{38}{19} = 2 + 1 - 2 = \boxed{1}$$

Ⅰ-(2)

周の長さが等しい，という条件に，どきっとしますが，なんてことはなく素直に立式すれば，以上それまで。

(解)

△ABP の周の長さは
　　3+AP+PB
です。また，△PBC の周の長さは
　　4+CP+PB
です。

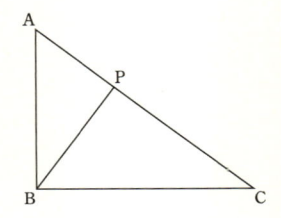

[解答] 2004年トライアル

この両者が等しいわけですから,
$$3+AP+PB=4+CP+PB$$
整理して,
$$AP-CP=1 \cdots ①$$
となります。一方,
$$AP+CP=CA=5 \cdots ②$$
ですから, ①, ②より,
$$AP=3, \quad CP=2$$
とわかります。

よって, △ABPの面積は△ABCの $\frac{3}{5}$ 倍とわかり, △ABCの面積は
$$\frac{1}{2} \times 3 \times 4 = 6$$
ですから, △ABP$=6 \times \frac{3}{5} = \boxed{\frac{18}{5}}$ とわかります。

I-(3)

意味深な計算式です。答えを出して初めてその意味がわかります。

(解)

☐ に入る数を x とおきます。このとき,
$$x^2 = 11111 - 7 \times 31^2 - 4 \times 30^2 = 784$$
で,
$$784 = 2^4 \times 7^2 = 4^2 \times 7^2 = 28^2$$
です。よって
$$x^2 = 28^2$$
となり, x は正の数ですから
$$x = \boxed{28}$$

とわかります。

※1月から12月までの日数の2乗の和になっていたのですね。

I-(4)

バス停は，どのような順番で並んでいるのでしょうか。まずはそこからです。

(解)

昭夫が昭子に出会うまでに走った道のりを $2x$ km とします。すると，昭子は x km だけ進んだことになるので，

　　　　一周の長さは $3x$ km …①

とわかります。

昭夫	時計回り 時速 8 km
昭子	反時計回り 時速 4 km
治夫	時計回り 時速 4 km
治子	反時計回り 時速 8 km

一周の長さは 4km 以上ですから，①より

$$x \geq \frac{4}{3} \cdots ②$$

です。

いま，時計回りに C→A→B→D と進むことを考えます。このときの道のりを y km としましょう。

C，A，B，D の位置関係は，時計回りに

　　（ⅰ）C，A，B，D と並ぶ

　　（ⅱ）C，D，A，B と並ぶ

のどちらかです。

もしも（ⅰ）ならば，$y < 3x$ ですし，もしも（ⅱ）ならば $y > 3x$ となります。

実際に y を求めると，

[解答] 2004年トライアル

$$CA = x, \quad AB = 1, \quad BD = x \,(\text{km})$$

(いずれも時計回りに進んだときの移動距離)

から,

$$y = 2x + 1$$

なので,②より,

$$y = 2x + 1 < 2x + \frac{4}{3} \leq 3x$$

で,(ⅰ)の並びが正しいとわかりました。

よって,一周の長さは

$$2x + 1 + 2 = 2x + 3 \,(\text{km}) \quad \cdots ③$$

とわかり,①,③から,

$$3x = 2x + 3$$
$$x = 3$$

とわかるので,①に代入して,一周の長さは $\boxed{9\text{km}}$ とわかります。

Ⅰ-(5)

実はこの図の中に出てくる角度は3種類しかありません。

(解)

∠B = α とおきます。このとき,
EI//BF から

$$\angle AEI = \alpha$$

IA = IE から

$$\angle EAI = \alpha \quad \cdots ①$$

四角形 BFIE ≡ 四角形 AICJ から

$$\angle IAJ = \alpha \quad \cdots ②$$

四角形 BFIE ≡ 四角形 JGDH から

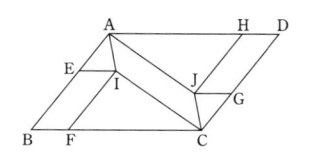

$$\angle D = \alpha \ \cdots ③$$

③と GD//JH から

$$\angle JHA = \alpha \ \cdots ④$$

④と JA=JH から

$$\angle JAH = \alpha \ \cdots ⑤$$

③と JG//HD から

$$\angle JGC = \alpha \ \cdots ⑥$$

⑥と JG=JC から

$$\angle JCG = \alpha \ \cdots ⑦$$

四角形 BFIE≡四角形 AICJ から

$$\angle JCI = \alpha \ \cdots ⑧$$

EB//IF から

$$\angle IFC = \alpha \ \cdots ⑨$$

⑨と IF=IC から

$$\angle ICF = \alpha \ \cdots ⑩$$

と，順々に α と等しい角がわかります。

①，②，③，⑤，⑦，⑧，⑩から，四角形 ABCD の内角を計算して，

$$8\alpha = 360°$$

よって

$$\alpha = 45°$$

とわかります。

ゆえに，△AIE，△CIF はともに直角二等辺三角形となります。

ここで，BF=EI=x，BE=FI=y とおくと，

$$AE = \sqrt{2}x$$
$$FC = \sqrt{2}y$$

となるので，

[解答] 2004年トライアル

$$AB = \sqrt{2}x + y = 3 \cdots ⑪$$
$$BC = x + \sqrt{2}y = 4 \cdots ⑫$$

⑪$\times\sqrt{2}-$⑫ を計算して，
$$x = \boxed{3\sqrt{2}-4}$$

とわかります。

※もともと，四角形 ABCD は平行四辺形という条件はないですが，結果的に四角形 ABCD は平行四辺形となります。

【問題2】

Ⅱ-(1)

実際には，とてもそのまま計算するわけにはいかないでしょう。厳密さは欠きますが，以下の様にさらっとやらざるを得ません。

(解)

1.66666 はおよそ $\dfrac{5}{3}$，1.42857 はおよそ $\dfrac{10}{7}$ ですから，

$$1.66666 \times 1.42857 \times 840 \approx \dfrac{5}{3} \times \dfrac{10}{7} \times 840 = 2000$$

よって，答えは $\boxed{2000}$

※工夫して正しく求めるならば，次のようにやるのがよいでしょう。

(別解)
$$\begin{aligned}
&1.66666 \times 1.42857 \times 840 \\
&= (1.66666 \times 6) \times (1.42857 \times 7) \times 20 \\
&= 9.99996 \times 9.99999 \times 20 \\
&= (10 - 0.00004)(10 - 0.00001) \times 20 \\
&= (100 - 0.0005 + 0.0000000004) \times 20
\end{aligned}$$

$$= 2000 - 0.01 + 0.000000008$$
$$= 1999.990000008$$

よって，求めるべき値は $\boxed{2000}$

Ⅱ-(2)

回転して同じになるものを重複して数えてしまわないように気をつけなければいけません。例えば，次のようにやればその心配はなくなります。

(解)

次図の○のついたマスのうち，黒のタイルの置かれるマスの個数で場合分けをして考える。

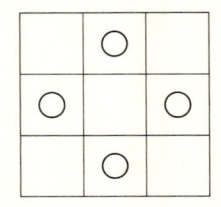

	○	
○		○
	○	

(ⅰ) 1マスのとき

右図のように，黒タイルの置けないマスに×をつけます（以下も同じ）。すると，残るマスは2マスです。残る2マスには，白，黒，どちらのタイルを置いても問題ないので，この場合は

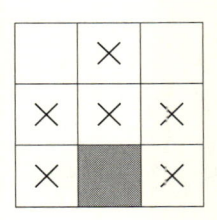

$$2 \times 2 = 4 \text{ 通り} \cdots ①$$

あるとわかります。

(ⅱ) 2マスのとき

黒タイルの位置によって，2通り考えられます。

[解答] 2004年トライアル

　黒タイルが斜めに2個並ぶときは，残る1マスに白，黒，どちらのタイルを置くかで2通りあり，黒タイルが向かい合って置かれるときは，黒タイルはこれ以上置けないので1通りです。

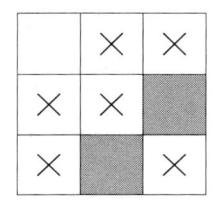

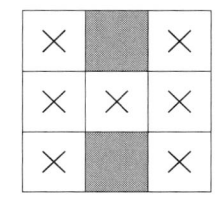

よって，

　　　　$2+1=3$ 通り　…②

あるとわかります。

(iii) 3マス，4マスのとき

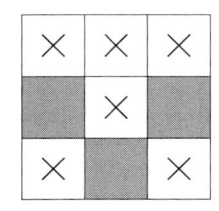

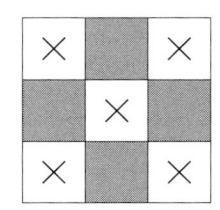

上図より，どちらも1通りしかないので，計

　　　　$1+1=2$ 通り　…③

です。

(iv) 0マスのとき

　次頁の図の△のマスの黒タイルの置き方を，△のマスに置く黒タイルの枚数で場合分けすると，

　　　　0枚のとき：1通り
　　　　1枚のとき：1通り
　　　　2枚のとき：2通り

3枚のとき：1通り

4枚のとき：1通り

の，計 $1+1+2+1+1=6$ 通りあるとわかります。真ん中のマスには，白，黒，どちらのタイルを置いても良いので，結局この場合は

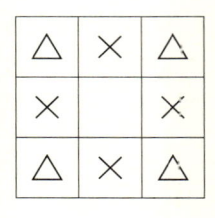

$$6 \times 2 = 12 \text{ 通り} \cdots ④$$

の置き方があります。

①〜④から，合計

$$4+3+2+12 = \boxed{21} \text{ 通り}$$

とわかります。

II-(3)

図を見てもこんがらがるばかり。2つの平面を上手に認識しないといけません。そのために，例えば次の様な方法があります。

(解)

A，O，Bを3頂点とする，次図のような立方体を考えます（頂点Q，R，S，T，Uは図によって認めます）。

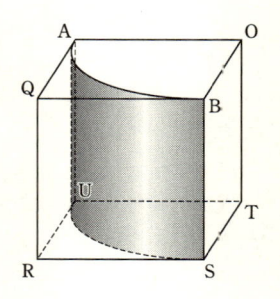

このとき，平面 ARSO は円柱の底面 RSTU と45°の角をなし，平面 BRUO も底面 RSTU と45°の角をなします。よって，Pは，この2つの平面，ARSO，BRUO の交線上にあるとわかります。

ここに，立方体の対角線 OR は，2平面 ARSO，BRUO の

どちらにも含まれるので，ORがこの2平面の交線とわかります。

よって，Pは，円柱の側面とORの交点とわかります。

Pから底面RSTUに下ろした垂線の足をP′とします。

すると
$$TP' = 1$$
$$TR = \sqrt{2}$$
で，△OTR∽△PP′Rですから，
$$OP = \frac{1}{\sqrt{2}} OR \cdots ①$$
とわかります。

ORは，△OTRに三平方の定理を使って
$$OR = \sqrt{2+1} = \sqrt{3}$$
と求まるので，①より
$$OP = \frac{\sqrt{3}}{\sqrt{2}} = \boxed{\frac{\sqrt{6}}{2}}$$
と求まります。

Ⅱ-(4)

難しいことをいえば，この問題は，高校(数C)で習う「条件付き確率」になります。ここでは，難しくは考えず，次のように考えてみたいと思います。

(解)

あきこ先生にこの問題と同じことを，仮に52万回やってもらったとしましょう。すると，52万回のうち，ハートの7をとるのは大体1万回となります。ゆえに，あきこ先生のとったカードとそのときの対応の回数は，次頁の表のようになるはずで

す。

	ハートの7 をとる	ハートの7以外 をとる	計
はいと 答える	9900	5100	15000
いいえと 答える	100	504900	505000
計	10000	510000	520000

「はい」と答えたのは15000回です。そのうち，本当にハートの7をとって「はい」と答えたのは9900回です。

したがって，あきこ先生がとった札が本当にハートの7である確率は

$$\frac{9900}{15000} = \frac{66}{100} \quad \text{つまり} \quad \boxed{66\%}$$

と考えられることになります。

【問題3】

単純な図形ですが，なかなか糸口がつかめません。面積比を線分比に変えて，じっくり攻めるか，うまい方法で一気に解決するか。

(解)

△STUの面積を x とします。

△ABP：△ACP＝7：(11＋x) なので，

　　BP：PC＝7：(11＋x)

とわかります。

△BSP＝1 より，

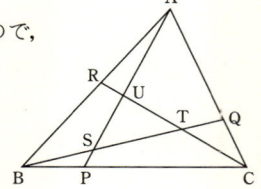

92

$$\triangle \text{SPC} = \frac{11+x}{7} \cdots ①$$

四角形 CTSP＝5 と①より，

$$\triangle \text{CST} = \frac{24-x}{7} \cdots ②$$

△STU＝x と②より，

$$\triangle \text{CSU} = \frac{24+6x}{7} \cdots ③$$

△CAU＝6 と③より，

$$\text{SU} : \text{UA} = \frac{24+6x}{7} : 6 = (4+x) : 7$$

となり，同様にして

$$\text{TS} : \text{SB} = (4+x) : 7 \cdots ④$$

も導けます。

ここに，①より

$$\triangle \text{BSC} = \frac{18+x}{7} \cdots ⑤$$

ですから，②，⑤より

$$\text{TS} : \text{SB} = \frac{24-x}{7} : \frac{18+x}{7} = (24-x) : (18+x) \cdots ⑥$$

よって，④，⑥から

$$(4+x) : 7 = (24-x) : (18+x)$$

がわかるので，

$$(4+x)(18+x) = 7(24-x)$$

これを整理して，

$$x^2 + 29x - 96 = 0$$
$$(x-3)(x+32) = 0$$

となります。$x > 0$ ですから，これより $x = \boxed{3}$ とわかります。

※厳密な証明,とはなりませんが,次の様に,合同な面積3の小三角形16個に分割された三角形の中に,△ABCを埋め込んで考えると,△STU＝3はすぐに分かりますね。

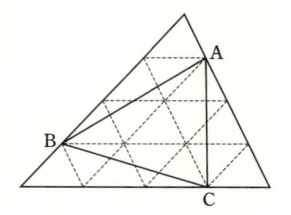

＊方べきの定理

円周上に4点A, B, C, Dがあり,ABとCDが平行でないとします。このとき,直線ABと直線CDの交点をPとすると,4点A, B, C, Dの位置関係によって,次の図のようになります。

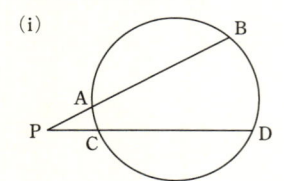

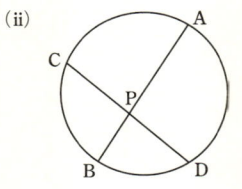

(i)　　　　　　　　　　　(ii)

このどちらの図においても,
$$PA \times PB = PC \times PD \quad \cdots\cdots (\text{☆})$$
が成り立つ,というのが「方べきの定理」です。証明も,A, B, C, Dの位置によらずできてしまいます。上の2つの図を両方見ながら追ってゆくとなかなか面白いですよ！

[解答] 2004年トライアル

(証明)

以下の円周角の定理を利用します。

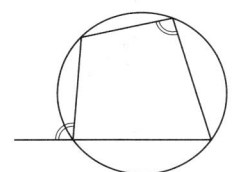

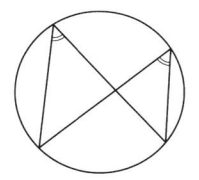

この円周角の定理から，(ⅰ)，(ⅱ)ともに∠ACP＝∠DBPが分かります。また∠APC＝∠DPBですから，2角相等より△APC∽△DPBがいえるので，

$$\frac{PC}{PA}=\frac{PB}{PD}$$

の成立がわかり，分母を払うことで(☆)が得られました。（証明終了）

2004年 第5回広中杯
ファイナル問題 [解答編]

【問題1】

同じカードは2枚ずつしかありません。また、カードは5種類です。このことが、(2)、(3)で活きてきます。(※組合せ $_nC_r$ については、128ページの解説を参照して下さい。)

(解)
(1) 桁に用いられる数字の種類の数で場合分けをします。

(i) 5種類の場合

1, 2, 3, 4, 5を一列に並べる順列で、

$$5!\ \text{通り}\ \cdots ①$$

あります。

(ii) 4種類の場合

どの4つの数字を用いるかで $_5C_4=5$ 通りあります。その4種類の内、どれを2枚使うかで4通りあります。

a, a, b, c, d を一列に並べる順列は、$\dfrac{5!}{2!}$ 通りですから、

$$5\times 4\times \dfrac{5!}{2!}=10\times 5!\ \text{通り}\ \cdots ②$$

あります。

(iii) 3種類の場合

どの3つの数字を用いるかで $_5C_3=10$ 通りあります。その3種類のうち、どの2種類を2枚使うかで3通りあります。

96

a, a, b, b, c を一列に並べる方法は $\dfrac{5!}{2!2!}$ 通りですから，

$$10\times 3\times \dfrac{5!}{2!2!}=\dfrac{15}{2}\times 5! \text{ 通り} \cdots ③$$

あります。

①＋②＋③より，

$$M=\left(1+10+\dfrac{15}{2}\right)\times 5!=\dfrac{37}{2}\times 5!$$

$$=\dfrac{37}{2}\times 5\times 4\times 3\times 2\times 1=\boxed{2220}$$

と求まります。

(2) 1の裏面には5が，2の裏面には4が，3の裏面には3が，4の裏面には2が，5の裏面には1が，それぞれ書かれているとします。

すると，5枚のカードを並べた状態から，全てのカードを裏返すと，もとの整数とは異なる5桁の整数となり，しかもその数ともとの数の平均は33333となります。

この様に考えると，2220通りある5桁の自然数の，半数は33333より大，残り半数は33333より小とわかるので，小さいほうから $\dfrac{M}{2}$ 番目の数は，33333を超えない最大の5桁の数であることがわかります。そのような数を求めると，$\boxed{33255}$ であるとわかります。

(3) 2220通りある5桁の自然数で，首位(最高位)が1のもの，2のもの，3のもの，4のもの，5のもの，はそれぞれ同数です。よって，小さいほうから $\dfrac{M}{5}$ 番目の数は，首位が1である最大の数とわかるので，そのような数を求めると，$\boxed{15544}$ であるとわかります。

(4) 順番に数えていくしかありません。

11□□□の形の数は全部で $4^3-4=60$ 通りあります（□に入る数は各4通りで4^3通り。これから同じ数が3つ入る場合の4通りを除く）。

12□□□の形の数は全部で $5×4×3+3×3×4=96$ 通りあります（3つの□に入る数字が全部異なる場合の $5×4×3$ 通りと，3つのうち2つの□に入る数字が同じ場合の

$\underbrace{3}_{\text{どの数字が}\atop\text{2つ入るか}} × \underbrace{3}_{\text{どの2つ}\atop\text{が同じか}} × \underbrace{4}_{\text{残りの数}\atop\text{字は何か}}$ 通りを加える）。

131□□の形の数は $4^2-1=15$ 通り
132□□の形の数は $5^2-3=22$ 通り
133□□の形の数は $4^2-1=15$ 通り

あるので、ここまでで

$$60+96+15+22+15=208$$

個です。続く14個目が222番目の数で，

1341□の形の数は 4通り
1342□の形の数は 5通り
1343□の形の数は 4通り

なので，この次の $\boxed{13441}$ が，$\dfrac{M}{10}=222$ 番目の数とわかります。

【問題2】

実際に一辺の長さが30の正三角形を描いてみるわけにはいきませんから，理詰めで攻めなければいけません。微妙な箇所を正しく把握できるかがポイントとなります。

(1) 上から1段目，2段目，3段目，……，30段目にある小正三角形の個数を足し合わせて，

$$1+3+5+\cdots+59=\frac{(1+59)\cdot 30}{2}=\boxed{900}\text{ 個}$$

の小正三角形に分かれるとわかります。

(2) 右図より，2つの部分に分けられる小正三角形は，3段あたりに4つあることがわかります。

したがって，$4\times\dfrac{30}{3}=\boxed{40}$ 個とわかります。

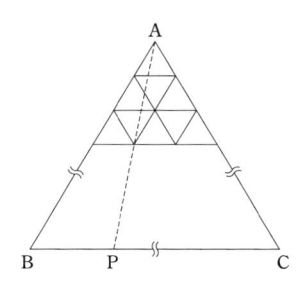

(3) まず，△QRS の周上に，小正三角形の頂点(以下，これを「格子点」と呼びます)がないことを証明します。そのためには，線分 QR 上に格子点がないことをいえば十分です。

いま，線分 QR 上に格子点 T があるとしましょう。このとき，UT//BC となる点 U を AB 上にとれば，この点 U も格子点です。

AU＝k, UT＝l とおくと，k, l はともに自然数で，
 △QBR∽△QUT
と
 QB＝26.667, BR＝3.333
から，
$$\frac{26.667}{3.333}=\frac{k-3.333}{l}$$
となり，これを整理すると
 $26.667 l - 3.333 k = -3.333^2$
となりますが，k, l は自然数ですから，左辺は高々小数第 3

位までの小数です。右辺は小数第6位までの小数ですから、これは矛盾です。

よって、△QRSの周上に格子点がないことがいえました。

このことから、QRの通る小正三角形の個数は、

　　　(QRが横切る、BCに平行な直線の数)
　　＋(QRが横切る、CAに平行な直線の数)
　　＋(QRが横切る、ABに平行な直線の数)
　　＋1

で求まるとわかります（ただし、直線BCは数えません）。

これを計算すると、

　　　26+23+3+1＝53個

となります。同様に、RS、SQの通る小正三角形の個数も53個とわかります。

Q、R、Sの周りでは、右図の様になっているので、QR、RS、SQのうちの2つが通る小正三角形は6つあります。従って、求めるべき小正三角形の個数は

　　　53×3－6＝$\boxed{153}$個

とわかります。

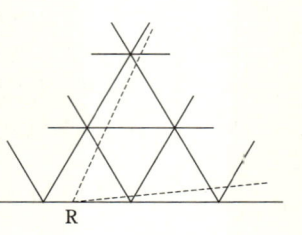

(4) 右図の様に、900個の小正三角形を白、黒の市松模様に塗り分けます。

各段とも、黒マスは白マスよりも1マス多いので、全体としてみれば、黒マスの個数は白マスの個数よりも30個多いとわかります。

[解答] 2004年ファイナル

1枚の(い)のタイルで覆えるのは,黒マスと白マス1つずつですから,(あ)のタイルは少なくとも30枚必要とわかります。

実際,右図の様にすれば,(あ)のタイルを30枚だけ用いて,△ABCを覆うことができるので,(あ)のタイルは少なくとも **30枚** 必要であるとわかります。

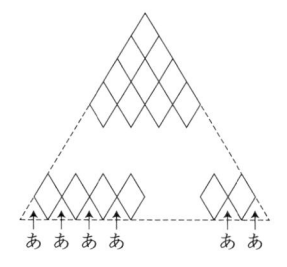

【問題3】

具体的な三角形ですから,簡単かと思いきや,ϕ なる数は $\frac{1+\sqrt{5}}{2}$ という数なので,計算が大変。(2)はうまく(1)を使って処理したいものです。

(解)
(1) 三平方の定理の逆から,
$$\phi^2 + (2\phi)^2 = (\phi+2)^2 \cdots ①$$
がいえれば,題意は示されることになります。

①において,
$$(左辺) - (右辺) = 5\phi^2 - (\phi^2 + 4\phi + 4)$$
$$= 4\phi^2 - 4\phi - 4$$
$$= 4(\phi^2 - \phi - 1) \quad \cdots ②$$

であり,問題文より
$$\phi^2 - \phi - 1 = 0 \cdots ③$$
です。よって,②の値は 0 とわかり,題意は示されました。
(証明終了)

(2)
$$AD = \phi, \quad DB = 2 \cdots ④$$
とおきます。このとき,
$$AC = \phi + 2 \cdots ⑤$$
で,△ADC は AC を斜辺とする直角三角形ですから,④,⑤と (1) より,
$$DC = 2\phi \cdots ⑥$$
とわかります。

そこで,DC を一辺とする正方形 GDCH を次図の様に作ると,④,⑥から
$$GH : GB = 2\phi : 2(\phi + 1)$$
$$= \phi : (\phi + 1) \cdots ⑦$$
とわかります。

③より,
$$\phi + 1 = \phi^2$$
ですから,⑦より
$$GH : GB = \phi : \phi^2$$
$$= 1 : \phi$$

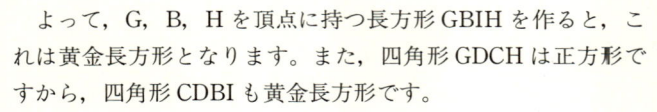

よって,G,B,H を頂点に持つ長方形 GBIH を作ると,これは黄金長方形となります。また,四角形 GDCH は正方形ですから,四角形 CDBI も黄金長方形です。

よって
$$\triangle DBC \infty \triangle GHB$$
がわかるので,
$$\angle DCB = \angle GBH \cdots ⑧$$
です。

AB = AC より,
$$\angle ABC = \angle ACB \cdots ⑨$$

なので，⑧，⑨から
$$\angle ACD = \angle HBC$$
とわかるので，E は BH と AC の交点であるとわかります。

よって，
$$AE:EC = AB:CH$$
$$= AB:DC = \boxed{(\phi+2):2\phi}$$
とわかります。

（注） ϕ は③式を満たしているので，最後の答えは別の表し方もできます。

※③式が成り立つのは，黄金長方形 ABCD の図において，
$$\frac{BC}{AB} = \frac{CD}{EC} = \frac{AB}{BC-AB} = \frac{1}{\frac{BC}{AB}-1}$$

より，
$$\phi = \frac{1}{\phi-1}$$

分母を払って
$$\phi(\phi-1) = 1$$
$$\phi^2 - \phi - 1 = 0$$
となるからです。

【問題4】

よくある経路の問題かと思いきや，(3) では一工夫が必要となります。

(解)

(1) A から B まで至るには，最短で12本の辺を通ることになりますから，X_{12} は，A から B まで，点線を通ってゆく最短経路

の数に等しくなります。

AからBへは，横に6回，縦に6回進みますから，
(横, 横, 横, 横, 横, 横, 縦, 縦, 縦, 縦, 縦, 縦)
の並べ方を考えて，
$$X_{12} = {}_{12}C_6 = \frac{12 \cdot 11 \cdot 10 \cdot 9 \cdot 8 \cdot 7}{6 \cdot 5 \cdot 4 \cdot 3 \cdot 2 \cdot 1} = \boxed{924}$$
とわかります。

(2) 点線は全部で84本あります。13本の辺を結ぶことで，最短経路が2つ以上できることはないので，13本の辺を結ぶことで最短経路ができたとすると，それは12本の辺を結んでできる最短経路に，1本の実線を付け加えたものとなっていることになります。

12本での最短経路1通りにつき，付け加える実線は
$$84 - 12 = 72 \text{ 本}$$
あるので，
$$X_{13} = 72 X_{12}$$
したがって，
$$\frac{X_{13}}{X_{12}} = \boxed{72}$$
とわかります。

(3) (2)と同様に考えます。ただし，次図のように，最短経路が2つあるような実線の引き方は重複して数えてしまいますから，まずはこのような実線の引き方が何通りあるかを調べます。

[解答] 2004年ファイナル

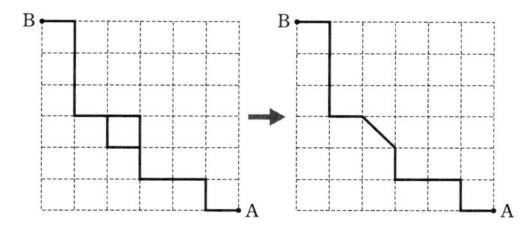

最短経路が2つあるとき，必ず4辺が実線で結ばれた1辺の長さが1の小正方形があります。この4本の経路を，1本の斜めの実線に変えます。

すると，出来上がる経路は，横に5回，縦に5回，斜めに1回進む経路と変わりますから，

(横, 横, 横, 横, 横, 縦, 縦, 縦, 縦, 縦, 斜)

の並べ方を考えて，最短経路が2つある実線の引き方は

$$_{11}C_5 \times {}_6C_5 = 2772 = 3 \times 924 \text{ 通り} \cdots ①$$

あるとわかります。

1つの最短経路に，2本の実線を加える方法は，72本の点線から2本を選ぶ方法で，

$$_{72}C_2 = \frac{72 \cdot 71}{2 \cdot 1} = 2556 \text{ 通り}$$

ありますから，X_{14} は，$2556 X_{12}$ から①の重複分を引いたもので，

$$X_{14} = 2556 X_{12} - 3 \times 924$$
$$= 2556 X_{12} - 3 X_{12} = 2553 X_{12}$$

ゆえに

$$\frac{X_{14}}{X_{12}} = \boxed{2553}$$

とわかります。

【問題 5 】

2004年の「この1題」

とりつく島もない問題です。例えば，単に「あいこ」といっても，その中には，グー，グー，グーや，グー，チョキ，パーなど，計4種類あるわけで，それらがひとまとめに扱われているのですから，どこから手をつけてよいものか，大変です。

まずは実験。試行錯誤を繰り返し，「一人勝ち」「二人勝ち」「あいこ」，それぞれのカテゴリーの中での共通点を探し出してみましょう。「3で割った余り」の匂いを感じ取れれば，しめたものです。

では解答です。

(解)

グー，チョキ，パーをそれぞれG，C，Pで表します。
100回のじゃんけんで，

$\quad$ GCC…A_1 回 $\quad$ GPP…A_2 回 $\quad$ GGG…A_3 回
$\quad$ CPP…B_1 回 $\quad$ CGG…B_2 回 $\quad$ CCC…B_3 回
$\quad$ PGG…C_1 回 $\quad$ PCC…C_2 回 $\quad$ PPP…C_3 回
$\quad$ GCP…D 回

が出たとします。

このとき，
$\quad$ グーの合計数は
$\quad A_1+A_2+2B_2+2C_1+3A_3+D$ 回 …①
$\quad$ チョキの合計数は
$\quad 2A_1+B_1+B_2+2C_2+3B_3+D$ 回 …②

となります。

条件より①,②は等しいですから,
$$①-② = -A_1 + A_2 - B_1 + B_2 \\ + 2(C_1 - C_2) + 3(A_3 - B_3) = 0$$
これを,
$$A_1 + B_1 - 2C_1 - (A_2 + B_2 - 2C_2) = 3(A_3 - B_3)$$
$$(A_1 + B_1 + C_1) - (A_2 + B_2 + C_2) \\ = 3(A_3 - B_3 + C_1 - C_2) \cdots ③$$
と変形します.

$(A_1 + B_1 + C_1)$ は,100回のじゃんけんのうちの,一人勝ちの回数,$(A_2 + B_2 + C_2)$ は,100回のじゃんけんのうちの,二人勝ちの回数,です.よって,③より

　　(一人勝ちの回数)-(二人勝ちの回数) は 3 の倍数 …④

であることがわかります.

99回目が終了した時点で,

　　(一人勝ちの回数)-(二人勝ちの回数)=11

ですから,④の条件を満たすためには,100回目に一人勝ちが起きなくてはいけません.

よって,起こりえるのは **(あ) 一人勝ち** のみとわかります.

＊実際に100回目が一人勝ちで,問題の条件を満たすような例は簡単に作ることができます.

2005年 第6回広中杯
トライアル問題 [解答編]

【問題1】

Ⅰ-(1)

(い) SとTは等しい　はないとすぐにわかりますが，実際の試験では，(い)と解答した人も少なからずいました。

(解)

正200角形の面積Sは，下図左の二等辺三角形の面積Aの200倍，正201角形の面積Tは，下図右の二等辺三角形の面積Bの201倍です。

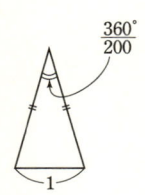

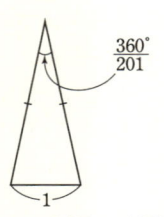

ここに，2つの三角形を重ねると，$\frac{360°}{200} > \frac{360°}{201}$ ですから，右図の様に片方が完全にもう片方に覆われてしまうので，$A < B$ となります。

よって，
$$S = 200A < 201A < 201B = T$$
から
$$S < T$$

[解答] 2005年トライアル

とわかり，答えは (う) とわかります。

I-(2)

$\boxed{A}\boxed{B}$ 3 4 を 1000A+100B+34 と書き直したりしてもできますが，筆算の様に書き直すと簡単です。

(解)

与えられた式を筆算の形で書くと，

	A	B	3	4
+	1	A	C	4
+	1	2	A	D
+	D	2	3	B
-	1	2	3	4
	A+D+1	A+B+2	A+C+3	B+D+4

5000−1234=3766 ですから，

$$A+D=3,\ A+B=7,\ A+C=6,\ B+D=6 \cdots ①$$

となるような1桁の整数A，B，C，Dがあれば，それは条件を満たすとわかります。

実際，

$\boxed{A=2,\ B=5,\ C=4,\ D=1}$

のとき，①が成り立つので，これが答えとなります。

＊実は，これ以外に答えはありません。

I-(3)

はさみを入れることのできる箇所は，三角形の辺の中点しかありません。

(解)

全部で次の $\boxed{4}$ 通りがあります。

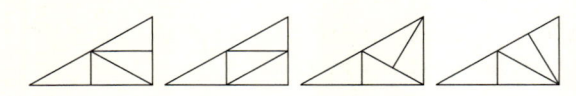

I-(4)

競馬場にて。4頭の馬が走るレースがありました。馬Aのオッズ（倍率）は3倍，馬Bのオッズは4倍，馬Cのオッズは5倍でした。馬Dのオッズは何倍でしょう？

(解)

$$3a = 4b = 5c$$

ですから，a，b，c は正の数 k を用いて

$$\left. \begin{array}{l} a = 20k \\ b = 15k \\ c = 12k \end{array} \right\} \cdots ①$$

とおけます。

$$\frac{3a}{a+b+c+d} = \frac{4}{5}$$

より，

$$a+b+c+d = \frac{5}{4} \times 3a = \frac{5}{4} \times 60k = 75k \cdots ②$$

とわかるので，②に①を代入して

$$20k + 15k + 12k + d = 75k$$

これから

$$d = 28k \cdots ③$$

がわかります。

[解答] 2005年トライアル

②, ③と

$$\frac{xd}{a+b+c+d}=\frac{4}{5}$$

から,

$$\frac{28kx}{75k}=\frac{4}{5}$$

がわかるので,

$$x=\frac{4}{5}\times\frac{75}{28}=\boxed{\frac{15}{7}}$$

とわかります。

※競馬の場合, 配当金は投票額の 75〜80% $\left(=\frac{3}{4}\sim\frac{4}{5}\right)$ しか返ってきません。

I-(5)

桁数が10桁, だと逆に困ってしまうかもしれません。10桁以下, なら, 広中杯ではもうおなじみのあの手法がとれます。

(解)

条件を満たす数が9桁以下ならば, 10桁目までに0を補って考えます (例えば, 1011101なら, 0001011101と考えます)。

このとき, この数の0を1に, 1を0に変えた数も, 問題の2つの条件を満たす数となります。そして, もとの数との和は1111111111です。

よって, 条件を満たす数は, 和が1111111111となるような2数のペアに分けることができるので, 求めるべき平均は

$$\boxed{\frac{1111111111}{2}}(=555555555.5)$$

となります。

【問題 2 】

Ⅱ-(1)

　工夫してやらないと大変です。試行錯誤の前に，まず式に出てくる数字をじっくり見て！

(解)

　$6.56 = 2 \times 3.28$，$120.3 = 30 \times 4.01$，$9.24 \times 30 = 277.2$ に注意して計算すると，

$$171.4 \times 3.28 + 114.8 \times 6.56 + 449.2 \times 4.01 - 120.3 \times 9.24$$
$$= 3.28 \times (171.4 + 229.6) + 4.01 \times (449.2 - 277.2)$$
$$= 3.28 \times 401 + 4.01 \times 172$$
$$= (3.28 + 1.72) \times 401 = 5 \times 401 = \boxed{2005}$$

となります。

Ⅱ-(2)

　実際の医師国家試験にも，この問題の様に五択で答えさせる問題が出ます。

(解)

　棘上筋(きょくじょうきん)の英訳が異なるので，AとDが共に正しいことはありません。

　supraspinatus muscle の和訳が異なるので，AとCが共に正しいことはありません。

　よって，(あ)，(え)は答えではないとわかります。

　(い)が正しいとすると，Eの，三角筋，肩甲下筋(けんこうかきん)の英訳が正しいことになるので，B，C，D，Eの4つが正しいことになります。すると，答えが(い)の他に(う)もあることになるの

で，一つだけ正解がある，というお姉さんの言葉に矛盾してしまいます。

（う）が正しいとすると，同様の理由でBが正しくなり，やはりお姉さんの言葉に矛盾です。

以上から，答えの可能性は（お）しかありえないことがわかり，また（お）が答えとすると，何の矛盾も起きません。

従って，(お)が正解ということになります。

II-(3)

BPの長さが1でなくとも，PQの長さを求めることは可能です。

(解)

△ABCの3辺の比は
$$1 : \sqrt{3} : 2$$
なので，△ABCは
$$\angle B = 90°, \quad \angle C = 60°, \quad \angle A = 30°$$
の直角三角形です。

∠BPC=180°ですから，
$$\angle BPR + 60° + \angle CPQ = 180°$$
で，∠C(=∠PCQ)=60°より，
$$\angle BPR + \angle PCQ + \angle CPQ = 180° \cdots ①$$
です。

△CPQの内角の和を計算すると，
$$\angle PQC + \angle PCQ + \angle CPQ = 180° \cdots ②$$
なので，①，②を比較して，
$$\angle BPR = \angle PQC \cdots ③$$
がわかります。

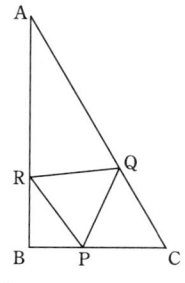

ゆえに，PからCAに垂線PHを下ろすと，③より，斜辺一鋭角相等から，

△BRP≡△HPQ

がいえるので，

HQ=BP=1 …④

となります。

また，△PCHも3辺比が$1:\sqrt{3}:2$の直角三角形ですから，PC=3-1=2より，

CH=1 …⑤

④，⑤より，

CH=HQ

となるので，△PQCにおいて，Pから対辺に引いた垂線と中線が一致することがわかります。

よって二等辺三角形条件より，△PQCはPを頂角とする二等辺三角形とわかり，ゆえに

PQ=PC=\boxed{2}

とわかります。

II-(4)

「BCDEF」をひとかたまりにみることができましたか？　適当に数を当てはめてゆくだけでは，なかなか正解にたどり着きません。

(解)

$\overline{BCDEF}$ で5桁の数BCDEFを表します。

すると，与えられた式は

$300000A+3\times\overline{BCDEF}=10\times\overline{BCDEF}+A$

と表せるので，これを整理して
$$299999A = 7 \times \overline{BCDEF}$$
ゆえに
$$\overline{BCDEF} = 42857 \times A \cdots ①$$
となります。

これは5桁の数ですから，
$$A = 1 \text{ または } 2$$
と決まります。

$A = 1$ のとき
①に代入して，$\overline{BCDEF} = 42857$

$A = 2$ のとき
①に代入して，$\overline{BCDEF} = 85714$
となるので，
$$(A, B, C, D, E, F)$$
$$= \boxed{(1, 4, 2, 8, 5, 7), (2, 8, 5, 7, 1, 4)}$$
とわかります。

【問題3】

新手の問題です。3つの円の共通して接する円など，考えるのは誰もが初めてのことでしょう。正確に図示するのはほぼ不可能ですので，まずはラフな図を描いてみて考えてみましょう。

(解)

(1) △ABCの外接円の中心をP，半径を r とします。すると次頁の図の様に，Pを中心とし，半径が $r-1$ の円が3円の共通外接円となります。△ABCはCAを斜辺とする直角三角形ですから，

$$r=\frac{1}{2}\text{CA}=\frac{5}{2}$$

です。よって，求めるべき半径は $\frac{5}{2}-1=\boxed{\frac{3}{2}}$ とわかります。

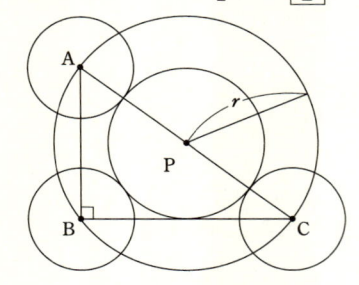

(2) 共通内接円の中心を O，共通外接円の中心を O' とします。すると，O，O' は，次図の様な位置にあるとわかります。

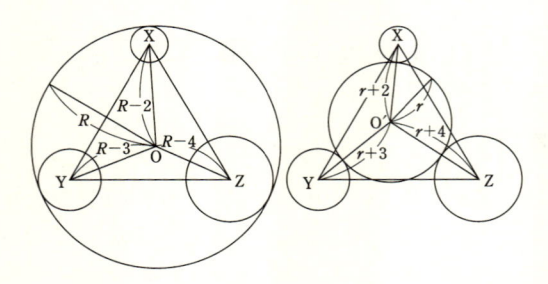

共通内接円，共通外接円はただ一つしか存在しませんから，このような点 O，O' は，△XYZ に対して一つずつしかありません。

従って，共通内接円の図からは，

$$\text{OX}=\text{OY}+1=\text{OZ}+2 \cdots ①$$

を満たす O 点がただ一つしかないことがいえ，共通外接円の図からは，

$$O'Z = O'Y + 1 = O'X + 2 \cdots ②$$

を満たす点 O' がただ一つしかないことがいえます。

ここで，ZX の垂直二等分線に関して O と対称な位置にある点を O'' とすると，

$$OX = O''Z, \quad OY = O''Y, \quad OZ = O''X \cdots ③$$

となるので，これを①に代入すると

$$O''Z = O''Y + 1 = O''X + 2 \cdots ④$$

となります。②と④を比べると

$$O' = O''$$

であるとわかります。

よって，③より

$$OX = O'Z$$

なので，

$$R - 2 = r + 4$$

ゆえに

$$R - r = \boxed{6}$$

とわかります。

2005年 第6回広中杯
ファイナル問題
[解答編]

【問題1】

n のどこかの桁に 0 が入っていれば $f(n)=0$ となってしまいます。$f(f(f(f(n))))$ はかなりの確率で 0 となることでしょう。

(解)

(1) $105=3\times 5\times 7$ ですから，最小の数は $\boxed{357}$ です。

(2) $210=2\times 3\times 5\times 7$ で，2，3，5，7 のうち，積が1桁となるような2数は 2，3 しかありません。

よって，2，3 を 6 で置き換えて，$\boxed{7651}$ をつくれば，これが最大の数となります。

(3) $1024=2^{10}$ です。よって，n の各桁は 1，2，4，8 のいずれかです。

5桁の各位が

  8，8，8，2，1 の並び替えのとき…20通り
  8，8，4，4，1 の並び替えのとき…30通り
  8，8，4，2，2 の並び替えのとき…30通り
  8，4，4，4，2 の並び替えのとき…20通り
  4，4，4，4，4 の並び替えのとき…1通り

あるので，計

  $20+30+30+20+1=\boxed{101}$ 通り

あるとわかります。

118

(4) $2005n$ の各位について,「0 がある」または「偶数と 5 がともに存在する」とすると
$$f(f(2005n))=0$$
となりますから, n は奇数で考えて構いません。

n が奇数のとき, $2005n$ の 1 の位は 5 となるので, 結局,

$2005n$ の各位が奇数となるような

最小の奇数 n

を見つければよいことになります。

$n \leq 199$ のときは, $2005n$ の千の位が偶数となり不適です。

$n=201$ のときは
$$2005n=403005$$
となるので, 十万の位が偶数で不適です。十万の位が 5 以上になるためには,
$$n \geq 251$$
が必要です。

$n=251$ のとき,
$$2005n=503255$$
で不適ですが, これに順々に $2005 \times 2=4010$ を加えてゆくと,

n	$2005n$
251	503255
253	507265
255	511275
257	515285
259	519295
261	523305
263	527315
265	531325
267	535335

となり，$n=\boxed{267}$ で初めて $2005n$ の各位が奇数となるような n が見つかるので，これが答えとなります。

【問題 2】

最後に残る正方形の 1 辺の長さは，はじめの長方形の縦，横の最大公約数となることに気がつきましたか？

(解)

144×233 の長方形から 144×144 の正方形を切り落とすと，$233 - 144 = 89$ ですから，144×89 の長方形が残ることになります。この過程を，

$$(144, 233) \to (89, 144)$$

と表すことにします（右側に，長い方の辺の長さを書きます）。

(1) さらに操作を続けてゆくと，

$$(144, 233) \to (89, 144) \to (55, 89) \to (34, 55)$$
$$\to (21, 34) \to (13, 21) \to (8, 13) \to (5, 8)$$
$$\to (3, 5) \to (2, 3) \to (1, 2) \to (1, 1)$$

となって操作が終わるので，

$$\boxed{\text{耐数は11，基本サイズは1}}$$

とわかります。

(2) 基本サイズが 1 で，耐数が 6 のものを，操作を逆にしてゆくことで作ってゆくと，以下の様に32通りが考えられます。

このうち，長い方の辺の長さが720の約数のものは，そのまま整数倍に相似拡大をすれば，条件を満たす長方形になります。そのようなものは，＊をつけた 8 個です。

したがって，$\boxed{8\text{個}}$ とわかります。

[解答] 2005年ファイナル

$$
(1,1) \leftarrow (1,2) \leftarrow \begin{cases} (1,3) \leftarrow \begin{cases} (1,4) \leftarrow \begin{cases} (1,5) \leftarrow \begin{cases} (1,6) \leftarrow \begin{cases} (1,7) \\ (6,7) \end{cases} \\ (5,6) \leftarrow \begin{cases} (5,11) \\ (6,11) \end{cases} \end{cases} \\ (4,5) \leftarrow \begin{cases} (4,9) \leftarrow \begin{cases} (4,13) \\ (9,13) \end{cases} \\ (5,9) \leftarrow \begin{cases} (5,14) \\ (9,14) \end{cases} \end{cases} \end{cases} \\ (3,4) \leftarrow \begin{cases} (3,7) \leftarrow \begin{cases} (3,10) \leftarrow \begin{cases} (3,13) \\ (10,13) \end{cases} \\ (7,10) \leftarrow \begin{cases} (7,17) \\ (10,17) \end{cases} \end{cases} \\ (4,7) \leftarrow \begin{cases} (4,11) \leftarrow \begin{cases} (4,15)* \\ (11,15)* \end{cases} \\ (7,11) \leftarrow \begin{cases} (7,18)* \\ (11,18)* \end{cases} \end{cases} \end{cases} \end{cases} \\ (2,3) \leftarrow \begin{cases} (2,5) \leftarrow \begin{cases} (2,7) \leftarrow \begin{cases} (2,9) \leftarrow \begin{cases} (2,11) \\ (9,11) \end{cases} \\ (7,9) \leftarrow \begin{cases} (7,16)* \\ (9,16)* \end{cases} \end{cases} \\ (5,7) \leftarrow \begin{cases} (5,12) \leftarrow \begin{cases} (5,17) \\ (12,17) \end{cases} \\ (7,12) \leftarrow \begin{cases} (7,19) \\ (12,19) \end{cases} \end{cases} \end{cases} \\ (3,5) \leftarrow \begin{cases} (3,8) \leftarrow \begin{cases} (3,11) \leftarrow \begin{cases} (3,14) \\ (11,14) \end{cases} \\ (8,11) \leftarrow \begin{cases} (8,19) \\ (11,19) \end{cases} \end{cases} \\ (5,8) \leftarrow \begin{cases} (5,13) \leftarrow \begin{cases} (5,18)* \\ (13,18)* \end{cases} \\ (8,13) \leftarrow \begin{cases} (8,21) \\ (13,21) \end{cases} \end{cases} \end{cases} \end{cases} \end{cases}
$$

121

(3) 基本サイズは，2辺の長さの最大公約数となります。従って，800との最大公約数が2である，800以下の自然数の個数を求めればよいとわかります。それは，400以下の，400と互いに素な（最大公約数が1の）自然数の個数と同じで，
$$400 = 2^4 \cdot 5^2$$
より，そのような数は下1桁が1，3，7，9であるような数ですから，
$$400 \times \frac{4}{10} = \boxed{160} \text{ 個}$$
とわかります。

(4) $3^{21}-1$ と $3^{18}-1$ の最大公約数を求めます。
$$3^{21}-1 = 3^3 \times (3^{18}-1) + 3^3 - 1$$
から，$3^{21}-1$ と $3^{18}-1$ の最大公約数は，$3^{18}-1$ と 3^3-1 の最大公約数とわかります。ここで，$3^{18}-1$ を3進法で表すと，

$$\underbrace{222\cdots222}_{18\text{個}}$$

3^3-1 を3進法で表すと，
$$222$$
ですから，$3^{18}-1$ は 3^3-1 の倍数とわかります。

よって，$3^{18}-1$ と 3^3-1 の最大公約数は 3^3-1，つまり $\boxed{26}$ とわかるので，これが求めるべき基本サイズとなります。

【問題3】

「空間内に次々に新しい平面をいれてゆく」と考えましょう。新しく入った平面によって，空間の分割数がいくつ増えたかは，新しく入った平面上の様子をみることでわかります。

[解答] 2005年ファイナル

（解）

(1) まず，4つの平面のうちの3つで，空間は $2^3=8$ 個の領域に分けられています。この状態に第4の平面を入れます。正四面体の4面を含む4平面は，どの2つも平行ではなく，4平面は共有点を持ちません。従って，第4の平面は，既にある3つの平面と，次図の様に交わるはずです（図は，第4の平面上を描いています）。

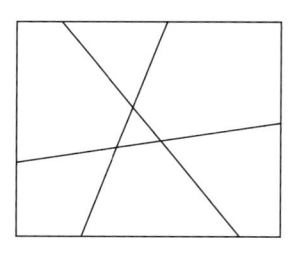

図より，既にある3平面によって，第4の平面上は7つの領域に分けられます。この小領域一つ一つは，もともと一つの領域だった空間領域を2つに分けるので，もともと8個の領域に分けられていた空間はさらに領域数が7個増えて，15個 の領域に分けられるとわかります。

(2) 正六面体の6つの面を含む6平面は，平行な2平面の組3つに分けることができます。

1組目の平面によって，空間は3領域に分けられます。

2組目の平面によって，空間の領域数は $3\times2=6$ 個増えることになります。

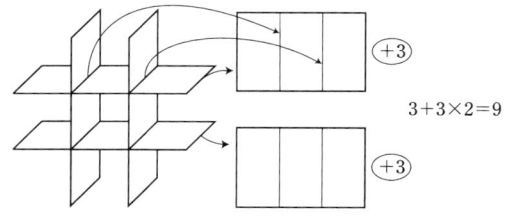

$3+3\times2=9$

3組目の平面によって，空間の領域数はさらに $9\times2=18$ 個増えます。

よって，3+6+18=**27個** の領域に分けられるとわかります。

(3) 正八面体の8つの面を含む8平面は，平行な2平面の組4つに分けることができます。(2)の結果より，そのうちの3組によって，空間は27個の領域に分けられます。この状態に4組目の平面を入れると，その平面上では，既にある3組の平面と右図の様に交わるので，領域はさらに16×2個増えるとわかります。

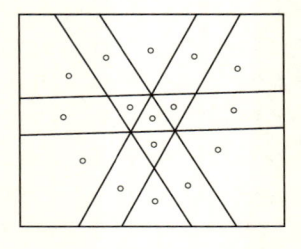

よって，27+16×2=**59個** の領域に分けられるとわかります。

【問題4】

形は二等辺三角形ですから，目盛りつき定木があればある程度正確に図を描くことが可能です。ある程度正確な図が描けたら，おのずと「答えは2：3？」と予想できることでしょう。

(解)

AからBCに垂線AHを下ろし，DからACに垂線DIを下ろします。

このとき，一鋭角を共有する直角三角形であることから，

$$\triangle AHC \sim \triangle DIC$$

がわかるので，

AC：CH＝DC：CI …①

です。

$$AC=10, \quad CH=\frac{15}{2}, \quad DC=12 \quad \cdots ②$$

ですから，①，②より
$$CI = 9 \cdots ③$$
がわかります。

よって，
$$CE = 8 \cdots ④$$
となる点 E を辺 AC 上にとれば，
$$DA = DE \cdots ⑤$$
となることがわかります。

このとき，
$$CE : CA = CD : CB = 4 : 5$$
なので，線分比の定理より
$$DE : AB = 4 : 5$$

よって，$DE = 8 \cdots ⑥$
とわかります。

④，⑥より，△CDE は二等辺三角形とわかりますから，
$$\angle EDC = \angle ECD = \alpha$$
とおけば，⑤より
$$\angle CAD = \angle DEA = 2\alpha \cdots ⑦$$

さらに
$$\angle ADB = \angle ACD + \angle CAD = 3\alpha \cdots ⑧$$
とわかるので，⑦，⑧より，
$$\angle CAD : \angle ADB = \boxed{2 : 3}$$
となることがわかりました。

【問題 5】

2005年の「この1題」

見た目の派手さに驚いてしまいます。まずは実験からスター

トです。

$44^2 = 1936$, $444^2 = 197136$, $4444^2 = 19749136$, …

どうやら，上2桁は「19」と予想できますが，「予想」だけではまずいのが数学のルール。

$\frac{4}{9} = 0.44444\cdots\cdots$ に気がつけば，予想を見事証明に変えることができます。決め手は「不等式で押さえる」です。

さっそくいってみましょう。

(解)

(1) $A = \frac{4}{9} \cdot 10^{2005} - \frac{4}{9}$ です。よって，

$$A^2 < \frac{16}{81} \cdot 10^{4010}$$

で，$\frac{16}{81} = 0.1975\cdots\cdots$。ですから，

$$A^2 < \underbrace{19800\cdots000}_{4010桁} \cdots ①$$

がわかりました。

（こういう評価を，「上から押さえる」といういい方をします。）

A^2 を「下から押さえる」には，

$$A^2 > \underbrace{4400\cdots000}_{2005桁}{}^2 = \underbrace{193600\cdots000}_{4010桁} \cdots ②$$

とすればよいですから，①，②から，A^2 の上2桁は $\boxed{19}$ とわかりました。また，

$$A^2 は 4010 桁 \cdots ③$$

であることもわかりました。

(2) (1)の副産物③を利用します。

[解答] 2005年ファイナル

A^2 の桁数は4010桁なので,この上2005桁を X,下2005桁を Y とおきます。このとき,(1)から

X の上2桁は19 …④

であることがわかります。

「自然数を9で割った余りは,その各位の和を9で割った余りに等しい」性質を用いると,

A の各位の和は $2005 \times 4 = 8020$ で,

$8+0+2+0=10, \quad 1+0=1$

ですから,A を9で割った余りは1です。

したがって,A^2 を9で割った余りも1です。

ゆえに,

$X+Y$ を9で割った余りも1 …⑤

となります。

さて,

$A^2 = 10^{2005} X + Y$

ですから,これを

$A^2 = (10^{2005} - 1) X + X + Y$ …⑥

と変形し,さらに

$k = \underbrace{111 \cdots 111}_{2005桁}$

とおきます。

$A = 4k$ で,$10^{2005} - 1 = 9k$ ですから,⑥より

$X+Y$ は k の倍数 …⑦

とわかります。

k を9で割った余りは,$2+0+0+5=7$ …⑧ です。

⑤,⑦より,$X+Y$ は9で割ると1余る k の倍数ですが,X の上2桁は④より19ですから,$X+Y$ はどんなに大きくとも,

$$\underbrace{19\cdots\cdots}_{2005\text{桁}} + \underbrace{99\cdots\cdots}_{2005\text{桁}} = \underbrace{1199\cdots\cdots}_{2006\text{桁}}$$

で，$11k = \underbrace{122\cdots\cdots}_{2006\text{桁}}$ 以下です。

　k，$2k$，……，$11k$ を9で割った余りは，⑧より
7，14，21，……，77を9で割った余りと同じですが，この中で余りが1となるのは28しかありません。つまり，$4k$ しかありません。

　よって，$X + Y = 4k$ とわかります。

　よって，

　　　$X + Y$ の上2桁は44

とわかるので，④と併せて考えると，繰り上がりを加味しても Y の首位は $\boxed{2}$ と決まります。Y の首位は，A^2 の下から2005桁目の数ですから，これが求めるべき数です。

＊組合せ $_n\mathrm{C}_r$

　異なる n 個の中から，異なる r 個を順序を気にせずに選ぶ方法を $_n\mathrm{C}_r$ と表します。例えば，りんご，なし，みかん，かき，パイナップルの5つの中から3つを選ぶ方法は，$_5\mathrm{C}_3$ と表されます。

　この $_n\mathrm{C}_r$ は，次のように計算できます。

$$_n\mathrm{C}_r = \frac{\overbrace{n \times (n-1) \times (n-2) \times \cdots \times (n-r+1)}^{n\text{から}r\text{個さかのぼって出てくる整数の積}}}{\underbrace{r \times (r-1) \times (r-2) \times \cdots \times 2 \times 1}_{r\text{以下の正の整数の積}}}$$

　分母のような，「r 以下の正の整数の積」を，$r!$ と書いて，「r の階乗」といいます。$r!$ は，r 個のものを横一

[解答] 2005年ファイナル

列に並べる場合の数でもあります。これを使うと，例えば次のような場合の数を計算することができます。

(1) a, a, a, a, a, b, b, b を横一列に並べる並べ方は何通り？

○○○○○○○○の8つの○のどこにaを入れるか，で考えます（aの場所が決まれば，自動的にbの場所も決まります）。aの入る場所の選び方は，8つの○から，異なる5つの○を選ぶ方法ですから，${}_8C_5$ 通りです。

これを

$$_8C_5 = \frac{8 \times 7 \times 6 \times 5 \times 4}{5 \times 4 \times 3 \times 2 \times 1} = \frac{8 \times 7 \times 6}{3 \times 2 \times 1} = \boxed{56}$$

と計算して，56通りとわかります。

(2) a, a, b, b, c, c, c を横一列に並べる並べ方は何通り？

○○○○○○○の7つの○のどこにaを入れるか，で考えると，${}_7C_2$ 通りがあります。残った5つの○のどこにbを入れるかを考えると，${}_5C_2$ 通りがあります。${}_7C_2$ 通りのやり方それぞれに対して，bの入れ方が${}_5C_2$ 通りある（残りには自動的にcが入ります）と考えれば，

$$_7C_2 \times {}_5C_2 = \frac{7 \times 6}{2 \times 1} \times \frac{5 \times 4}{2 \times 1} = 21 \times 10 = \boxed{210}$$

となり，合計210通りあるとわかります。

2006年 第7回広中杯
トライアル問題
[解答編]

【問題1】

Ⅰ-(1)

　和の項の数だけを見れば，圧倒的にTのほうが多いですが，一つ一つの項はSの項のほうが大きくなっています。さて，どっちが大きくなるでしょう？

(解)

$$\frac{1}{11}+\frac{1}{12}+\cdots+\frac{1}{20}>\frac{1}{20}+\frac{1}{20}+\cdots+\frac{1}{20}=\frac{10}{20}=\frac{1}{2}$$

です。この原理を使うと，

$$\frac{1}{21}+\frac{1}{22}+\cdots+\frac{1}{30}>\frac{10}{30}=\frac{1}{3}$$

$$\frac{1}{31}+\frac{1}{32}+\cdots+\frac{1}{40}>\frac{10}{40}=\frac{1}{4}$$

$$\vdots$$

$$\frac{1}{91}+\frac{1}{92}+\cdots+\frac{1}{100}>\frac{10}{100}=\frac{1}{10}$$

がわかります。

　左辺を足し合わせたものがT，右辺を足し合わせたものがSですから，

$$S<T$$

とわかるので，答えは (う) とわかります。

Ⅰ-(2)

この問題を解いてわかるように,観覧車は「すばらしい景色」を長い時間眺めることのできる造りになっています。

(解)

観覧車のゴンドラの軌跡を下図の様な円とし,その中心をOとします。地上からの高さが30mのところを,図の様にB,Cとし,OからBCに下ろした垂線の足をHとします。

このとき,

$$OH = 10 \text{ m}$$
$$OB = 20 \text{ m}$$

ですから,△OHBは30°,60°,90°の直角三角形とわかり,特に

$$\angle BOH = 60°$$

です。よって

$$\angle BOC = 120°$$

です。

ゴンドラは円周上を一定速度で動くので,一周当たりの「すばらしい景色」の見られる時間は

$$14 \times \frac{120°}{360°} = \frac{14}{3} \text{ 分}$$

とわかります。

したがって,$\frac{14}{3}$ 分 = **4分40秒** が答えとわかります。

Ⅰ-(3)

のどかな雰囲気の文章題です。丁寧に,未知数を文字でおいて立式してみましょう。

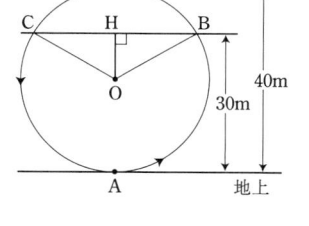

(解)

ボートの速さを a, 流れの速さを b, A村からB村までの距離を x とおきます。ただし, 速さは分速とします。

川の上流に向かってエンジンをかけてボートが進むときの分速は $a-b$, 川の下流に向かってエンジンをかけてボートが進むときの分速は $a+b$ となることに注意します。

A村からB村に向かうときの状況を考えると,
$$5(a-b)-5b+5(a-b)=x$$
整理して,
$$10a-15b=x \cdots ①$$
がわかります。

B村からA村に向かうときの状況を考えると,
$$5(a+b)=x$$
つまり
$$5a+5b=x \cdots ②$$
がわかります。

①, ②から
$$10a-15b=5a+5b$$
$$5a=20b$$
として,
$$a=4b$$
となるので, これを②に代入して
$$x=25b \cdots ③$$
とわかります。

エンジンが故障してなければ, 分速 $a-b=3b$ でA村からB村に向かうことになるので, ③より, A村からB村には

[解答] 2006年トライアル

$$\frac{x}{3b} = \frac{25b}{3b} = \frac{25}{3} \text{ 分}$$

つまり **8分20秒** でつくことができるとわかります。

I−(4)

問題文中に図がなくても，文章から立体をイメージできるようにしておきましょう。

(解)

S_1 の中心を O_1 とします。

また，S_1 と S_2 の接点をTとし，Tにおける S_1 の接平面と AB，AC，AD との交点を，B′，C′，D′ とします。また，S_1 と平面 BCD の接点を T′ とします。

正四面体の一つの面の面積を S とおくと，4つの四面体

O_1ACD，O_1ABD，O_1ABC，O_1BCD

は，いずれも底面積が S，高さが O_1T′ の三角錐となりますから，四面体 ABCD の体積 V は

$$V = \frac{1}{3} \times 4S \times O_1T' \cdots ①$$

となります。一方，△BCD を底面として V を計算すれば

$$V = \frac{1}{3} \times S \times AT' \cdots ②$$

①，②から，

$$AT' = 4O_1T' \cdots ③$$

がわかります。

A，T，O_1，T′ はこの順に同一直線上にあり，

(S_1 の半径＝) $O_1T = O_1T' \cdots ④$

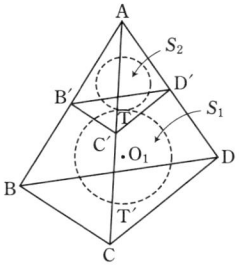

ですから，③，④より
$$AT = \frac{1}{2}AT'$$
とわかります。

よって，四面体 AB'C'D' は四面体 ABCD を A を中心に $\frac{1}{2}$ 倍に縮小したものとわかります。

S_1 は四面体 ABCD の内接球，S_2 は四面体 AB'C'D' の内接球ですから，2つの相似比が $\frac{1}{2}$ であることを加味すれば，S_1，S_2 の体積比は $\frac{V_2}{V_1} = \left(\frac{1}{2}\right)^3 = \boxed{\frac{1}{8}}$ とわかります。

I-(5)

求めるのは下4桁だけでよいのですから，効率よく計算したいものです。9進法で表された数，8888, 8887が，9進法での10000に近い数であることに気がつきましたか？

(解)

以下，数字は全て9進法とします。
$$8888 = 10000 - 1$$
などから，
$8888 \times 8887 \times 8886 \times 8885 \times 8884$
$= (10000-1)(10000-2)(10000-3)(10000-4)(10000-5)$
がわかります。よって，下4桁は
$$10000 - 1 \times 2 \times 3 \times 4 \times 5 \quad \cdots ①$$
となります。

（$1 \times 2 \times 3 \times 4 \times 5$ を10進法で計算すると120。これを9進法で表すと143ですから，）

①は，10000を8889と考えて，また $1 \times 2 \times 3 \times 4 \times 5 = 143$ とし

［解答］2006年トライアル

て計算すると，
$$10000-1\times2\times3\times4\times5=8889-143=\boxed{8746}$$
となり，これが求めるべき値です。

＊実際に計算すると，

（10進法）
　12,129,894,153,051,037,440

（9進法）
　88,730,103,862,003,338,746

となります。

【問題2】

Ⅱ-(1)

まともにやっても大変なだけ。ここは，「11111」を中心視して，文字で置き換えて計算です。

(解)

与えられた式を A とします。

$t=11111$ とおいて，$10^5 A$ を計算します。

$10^5 A = 11111\times11112-11113\times11114-11115\times11116$
$\qquad +11117\times11118$
$\quad = t(t+1)-(t+2)(t+3)-(t+4)(t+5)+(t+6)(t+7)$
$\quad = t^2+t-(t^2+5t+6)-(t^2+9t+20)+(t^2+13t+42)$
$\quad = 16$

より，$A=\dfrac{16}{10^5}=\boxed{\dfrac{1}{6250}}(=0.00016)$ とわかります。

II-(2)

与えられた条件を整理して、理詰めで考えていきましょう。「年収700万円」という条件はどう利用しましょう？

(解)

Eから、
> 森田殿は専務ではない

ことがわかるので、森田殿は社長か副社長です。

もしも副社長とすると、Fより、
> 森田さんは神奈川県に住んでいる …I

ことになります。

Dより、
> 森田殿の近所に住む平社員Xがいる …II

ことになりますが、Bより
> 森田殿は長野県に住んでおり …III

Cより、林田さんは年収700万円なので、副社長の年収の75％とはなり得ないので、
> 林田さんは森田殿の近所に住む平社員ではない …IV

ことがわかります。

I, III, IVとAから、IIの平社員Xとなり得る人がいないことがわかるので、これは矛盾です。

したがって、
> 森田殿は社長である …①

とわかります。

副社長が木田殿とすると、Fより、木田さんは神奈川県に住んでいることになりますが、これはAに矛盾しますので、副社長は木田殿ではありません。①より、

　　　　林田殿は副社長である …②
とわかり，残る一人について，
　　　　木田殿は専務である …③
ことがわかります。

　よって，**社長は森田殿，副社長は林田殿** とわかります。

＊林田殿の年収は1000万，森田さんは長野県に住み，年収750万，林田さんは神奈川県に住み，年収700万，と考えれば，何の矛盾も出ませんね。

Ⅱ-(3)

　断面は平行四辺形になります。さて，この平行四辺形，どうやって面積を求めましょうか。

（解）

　平面PQRとCGの交点をSとします。このとき，
　　　　PQ//RS
　　　　PR//QS
が成り立つので，四角形PQSRは平行四辺形です。

　よって，△PQRの面積の2倍が，断面PQSRの面積となるとわかります。

　三平方の定理を用いて，PQ，PR，QRの長さを求めると，

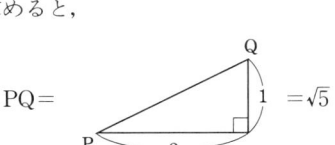

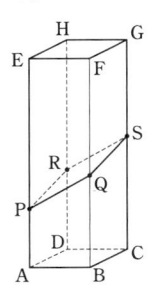

$$PQ = \sqrt{5}$$

（直角三角形の2辺が2と1）

$$PR = \text{(図)} = 2\sqrt{2}$$

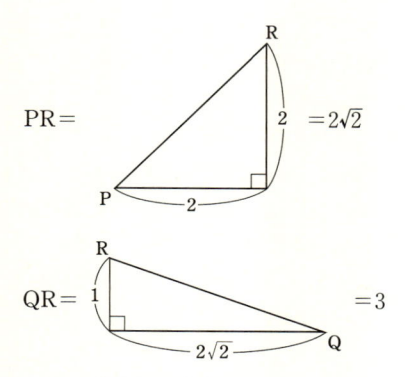

$$QR = \text{(図)} = 3$$

となるので，△PQR は右図のような三角形とわかります。

よって，断面積は

$$(2\triangle PQR)$$
$$= 2 \times \left(3 \times 2 \times \frac{1}{2}\right) = \boxed{6}$$

となります。

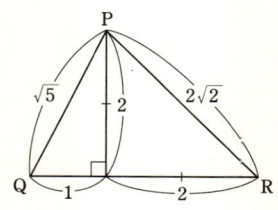

II-(4)

9の倍数判定法や，11の倍数判定法を知っている，という人は，その判定法のメカニズムを考えてみましょう。問われていることは，「13の倍数判定法を作れますか？」ということです。

(解)

9桁の正整数 X の上3桁を A，下3桁を C，真ん中の3桁を B とおきます。

このとき，

$$X = 10^6 A + 10^3 B + C$$

となります。

[解答] 2006年トライアル

ここに，
$$10^3+1=1001=13\times 77, \quad 10^6-1=(10^3-1)(10^3+1)$$
ですから，
$$X-(10^6-1)A-(10^3+1)B$$
を考えると，
$$X-(10^6-1)A-(10^3+1)B=A-B+C$$
より，

X が13の倍数なら，$A-B+C$ は13の倍数

$A-B+C$ が13の倍数なら，X は13の倍数

となることがわかります。

これを利用して，13の倍数を大きいものから探してゆくことにします。

(i) $A=987$，$B=654$ のとき

$A-B+C=333+C$ で，C は 1，2，3 を並び替えた 3 桁の整数です。

$$333+123, \quad 333+132, \quad 333+213,$$
$$333+231, \quad 333+312, \quad 333+321$$

のうち，13の倍数となるのは $333+213$ のみです。

よって，最大の13の倍数は 987654213 とわかります。

(ii) $A=987$，$B=653$ のとき

$A-B+C=334+C$ で，C は 1，2，4 を並び替えた 3 桁の整数です。しかし，

$$334+124, \quad 334+142, \quad 334+214$$
$$334+241, \quad 334+412, \quad 334+421$$

はいずれも13の倍数ではありません。

(iii) $A=987$，$B=652$ のとき

$A-B+C=335+C$ で，C は 1，3，4 を並び替えた 3 桁の整数です。

335＋134, 335＋143, 335＋314, 335＋413, 335＋431

はいずれも13の倍数ではありませんが,

335＋341

は13の倍数です。

よって, 2番目に大きい13の倍数は

987652341

とわかります。

【問題3】

角度にまつわる問題です。このような問題の場合, 角の2等分線定理が有効でした。2, 3, 4という数の並びの中にも, $\boxed{2}:\boxed{4}=1:2$, $1+2=\boxed{3}$ という秘密が隠されています。

(解)

(1)

$$\angle BAC = x$$
$$\angle ACB = y$$

とおきます。

∠BACの二等分線とBCの交点をDとすると, 角の二等分線定理から,

BD：DC＝AB：AC＝1：2

がわかります。BC＝3より,

BD＝1, DC＝2 …①

となります。

次に, ACの中点Mをとります。すると,

AM＝MC＝2 …②

です。

AB＝2と②から, 二辺夾角相等より

$\triangle ABD \equiv \triangle AMD \cdots$ ③

がいえ，また①，②より，$\triangle CDM$ は二等辺三角形とわかるので，

$$\angle MDC = 90° - \frac{y}{2}$$

よって，

$$\angle MDB = 90° + \frac{y}{2}$$

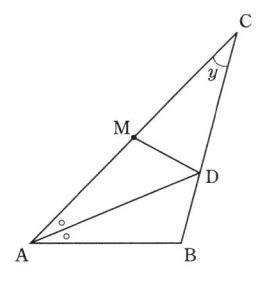

③より

$$\angle MDA = \angle BDA = 45° + \frac{y}{4} \cdots ④$$

となります。

$\triangle ABC$ の内角を考えて，

$$x + y + \angle ABC = 180° \cdots ⑤$$

$\triangle ABD$ の内角を考えると，④より

$$\frac{x}{2} + 45° + \frac{y}{4} + \angle ABC = 180° \cdots ⑥$$

⑤，⑥から $\angle ABC$ を消去すると，

$$180° - x - y = 180° - \frac{x}{2} - 45° - \frac{y}{4}$$

整理して

$$\frac{x}{2} + \frac{3}{4}y = 45°$$

となるので，両辺を 4 倍して，

$$2x + 3y = 180°$$

となることがいえました。

(2)

$\angle PQR$ の 2 等分線と PR の交点を N とし，辺 PQ 上に，

$$QT = 8 \cdots ①$$

となる点Tをとります。

角の二等分線定理から,
$$RN : NP = QR : QP$$
$$= 2 : 3$$
がわかり, RP=5 ですから,
$$RN=2, \quad NP=3 \cdots ②$$
とわかります。

一方, ①と QR=8 より, 二辺夾角相等から,
$$\triangle RQN \equiv \triangle TQN \cdots ③$$
がいえるので, ②より
$$TN=RN=2 \cdots ④$$

②, ④および PT=12-8=4 から,
$$\triangle TNP は (1) の \triangle ABC と合同な三角形 \cdots ⑤$$
とわかります。

さて, △PQR の内角の和を考えると,
$$\angle NRQ = 180° - x - y$$
がわかるので, ③より
$$\angle NTQ = 180° - x - y$$

従って,
$$\angle NTP = x + y$$
です。
$$\angle TPN = x$$
ですから, ⑤より
$$2(x+y) + 3x = 180°$$
が成り立つとわかります。つまり,
$$5x + 2y = 180°$$

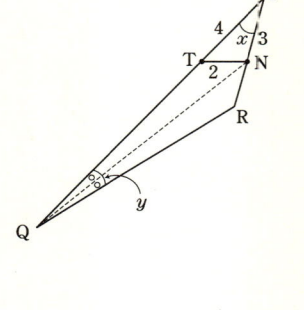

が成り立つとわかるので，求めるべき自然数の組(a, b)として，$(a, b)=\boxed{(5, 2)}$が見つかります。

＊これ以外に条件を満たす自然数の組(a, b)がないことが知られています。

2006年 第7回広中杯 ファイナル問題 [解答編]

【問題1】

約数にまつわる問題は，広中杯でも何度か登場していますね。

(解)
(1) $20 \div 2 = \boxed{10}$, $10 \div 2 = \boxed{5}$, $5 \div 2 = \boxed{2}$ 余り1, $2 \div 2 = \boxed{1}$
と計算して，

$20!$ は2で $10+5+2+1=18$ 回割れる

とわかります。

同様に考えると，$20!$ は3で $6+2=8$ 回，5で4回，7で2回，11，13，17，19でそれぞれ1回割り切れるとわかります。$20!$ は20より大きい素数を約数に持たないので，

$$20! = \boxed{2^{18} \cdot 3^8 \cdot 5^4 \cdot 7^2 \cdot 11 \cdot 13 \cdot 17 \cdot 19}$$

となります。

(2) 2^3，3^3，5^3 のいくつかの積でかける数を考えます。

$$20! = (2^3)^6 \cdot (3^3)^2 \cdot 5^3 \cdot (3^2 \cdot 5 \cdot 7^2 \cdot 11 \cdot 13 \cdot 17 \cdot 19)$$

ですから，

$$(6+1) \cdot (2+1) \cdot (1+1) = \boxed{42} \text{ 個}$$

あるとわかります。

(3) $20!$ の正の約数の個数は

$(18+1)(8+1)(4+1)(2+1)(1+1)(1+1)(1+1)(1+1)$

$= 19 \cdot 9 \cdot 5 \cdot 3 \cdot 2^4 = 2^4 \cdot 3^3 \cdot 5 \cdot 19$ 個

[解答] 2006年ファイナル

あります。一方，
$$19!=\frac{20!}{2^2\cdot 5}=2^{16}\cdot 3^8\cdot 5^3\cdot 7^2\cdot 11\cdot 13\cdot 17\cdot 19$$
ですから，19! の正の約数の個数は
　　　$17\cdot 9\cdot 4\cdot 3\cdot 2^4=2^6\cdot 3^3\cdot 17$ 個
あります。19! の約数は，必ず 20! の約数ですから，よって両者の差の
$$2^4\cdot 3^3\cdot 5\cdot 19-2^6\cdot 3^3\cdot 17=2^4\cdot 3^3\cdot (95-68)=2^4\cdot 3^3\cdot 27$$
$$=\boxed{2^4\cdot 3^6}\text{ 個}$$
が答えとなります。

(4) 正の約数 n で，各桁の和が 2 であるものは，3 で割り切れません。

　また，n が 5^a で割り切れるとき（$1\leqq a\leqq 4$），2^a でも割り切れないとどこかの桁に 5 が出て来てしまい，不適となってしまいます。

　従って，このとき 10^a で割り切れるので，あらかじめ
　　　　必要なら 10^a で割っておく …①
ことにより，
　　　　n は 3 でも 5 でも割り切れない …②
とできます。

　②のもとでは
・$n=2$ は OK です。
・$n\neq 2$ のとき，$n=1\underbrace{0\cdots\cdots 0}_{0\text{ のみが並ぶ}}1$ の形であるから，奇数です。

　従って，n は $7^2\cdot 11\cdot 13\cdot 17\cdot 19$ の約数であるとわかります。この約数のうち，大きいほう 2 つ
　　　$7^2\cdot 11\cdot 13\cdot 17\cdot 19=2263261$
　　　$7\cdot 11\cdot 13\cdot 17\cdot 19=323323$

は不適です。

残りの候補は11, 101, 1001, 10001, 100001の5つですが, 11および1001＝7・11・13以外はどれも $7^2 \cdot 11 \cdot 13 \cdot 17 \cdot 19$ の約数ではありません。

よって, ②のもとでは $n=2$, 11, 1001の3つに限られ, ①とあわせて, n は 2, 11, 1001およびその10, 100, 1000, 10000倍の計

$$3 \times 5 = \boxed{15} \text{ 個}$$

あるとわかります。

【問題2】

三辺の比が整数である三角形のことを, ピタゴラス三角形といいます。この問題の図を考えると, ピタゴラス三角形をどんどん作ることができます。

(解)
(1) CD＝24とおくと,

　　CN＝ND＝12, MC＝9

です。

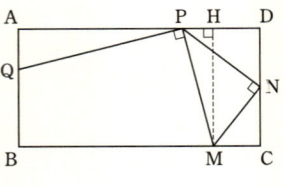

△MCN, △NDP は相似ですから,

$$PD = \frac{4}{3}ND = 16, \quad PN = \frac{5}{3}ND = 20$$

です。

よって, △MNP において, MN：NP＝3：4 がわかり, ∠MNP＝90°の条件とあわせて, PM＝25 がわかります。MからADに垂線MHを下ろすと, PH＝16－9＝7 より, △MHPは3辺の比が7：24：25の直角三角形とわかります。ここに, ∠MPQ＝90°の条件から,

$$\triangle \text{PAQ} \backsim \triangle \text{MHP}$$

で,MP:PQ=3:4,PM=25 より,PQ=$\frac{100}{3}$ です。

よって,

$$\text{PA}=\frac{100}{3}\cdot\frac{24}{25}=32$$

とわかります。よって

$$\text{BC}=\text{AD}=\text{AP}+\text{PD}=32+16=48$$

なので,AB:BC=24:48=**1:2** となります。

(2)
$$\text{MQ}=25\cdot\frac{5}{3}=\frac{125}{3}$$

$$\text{AQ}=\frac{100}{3}\cdot\frac{7}{25}=\frac{28}{3}$$

より

$$\text{QB}=24-\frac{28}{3}=\frac{44}{3}$$

です。また,

$$\text{BM}=48-9=39$$

です。

△BMQ は∠B が直角の直角三角形だから,三平方の定理より

$$\left(\frac{44}{3}\right)^2+39^2=\left(\frac{125}{3}\right)^2$$

が成り立つので,両辺を 9 倍して

$$44^2+117^2=125^2$$

の成立がわかるので,

$a=44$, $b=117$ または $a=117$, $b=44$

が答えとなります。

＊これ以外に答えがないことが知られています。

【問題3】

2006年の「この1題」

作図問題です。一風変わっているのが、手順に制限のついているところです。それについては後述することにして、まずは攻め方を考えてみましょう。

この問題において、「点Q」は本質的には要求されていることとは無関係な点です。ですから、

　　　　「Qを利用しろ」

というのが間接的なヒントになっているに違いありません。コンパスは2回しか使えないのですから、試行錯誤で実験・発見・証明です。

定木は「接線」を引くことにしか使えませんから、コンパス2回で、「PXがPにおける接線となる」様な点Xを作図する必要があります。

試しに、Pを中心とし、半径PQの円を描いてみましょう。

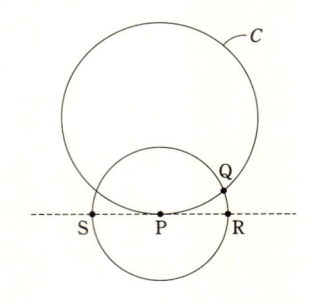

[解答] 2006年ファイナル

　この図の状態に，もう1つ円を描いて，図の点Rが作図できるでしょうか？（Xの候補は図のRかSです．対称な位置にあるので，Rの作図可能性だけを追えばよいわけです）それは，QRの長さがわからないので，不可能です．

　では，Qを中心，半径PQの円Dを描くとどうでしょうか？（Dは，PQがCの直径でないことから，Cと2点で交わります）

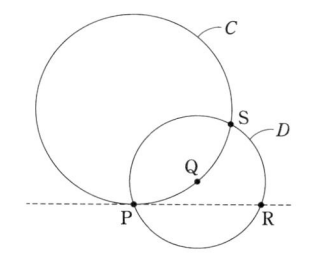

　この図では，Xの候補は点Rのみですが，図をじっくりみると，PR＝PSのように見えます．もしもPR＝PSなら，この図に「Pを中心とし，PSを半径とする円E」を描けば，EとDの交点（でSでない方）としてX（つまりR）をとることができ，従って題意の接線を引くことが可能になります．見当がつけば，あとは証明をまとめるだけで，次のように述べるとよいでしょう．

（手順）

・Qを中心とする半径PQの円Dを描き，C，Dの交点でPでない方をSとする．

・Pを中心とする半径PSの円Eを描き，D，Eの交点でSでない方をXとする．

・P，Xを定木で結ぶ．

　このとき，直線PXが題意の接線である．

(証明)

△PQX，PQS において，PQ 共通，QX＝QS，PX＝PS より，
　△PQX≡△PQS（三辺相等）
△PQX が QP＝QX の二等辺三角形であることを踏まえると，特に∠QPX＝∠QSP がいえ，よって（いわゆる）接弦定理の逆により，PX は P における円 C の接線とわかる。（証明終了）

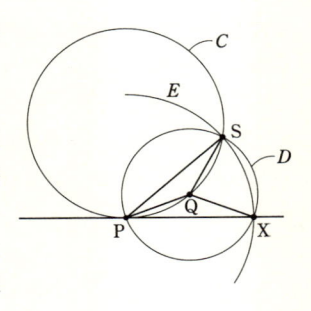

ちなみに，コンパスの使用回数に制限をつけないならば，例えば次の様な作図法も可能になります。

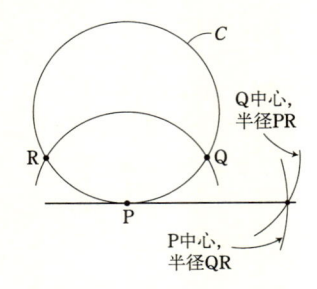

ですから，「コンパスの使用回数を最小にせよ」という出題形式だと，おそらく正答率は大きく下がったことと思います。「コンパス2回で」というのが問題の味な部分であり，同時にヒントにもなっているわけです。

【問題4】

ボールや光の反射を考えるときは，「折り返し」のアイデア

がうまく利用できます。

(解)

(1) △OAB を辺に関して折り返していった図で考えます。

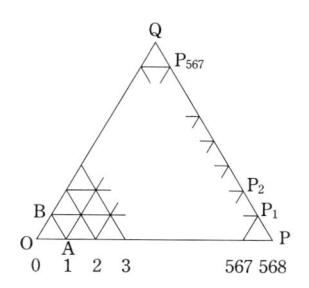

この図において，辺 PQ 上の569個の点を P に近いほうから順に

$P, P_1, P_2, P_3, \cdots, P_{567}, Q$

とします。すると，「1133回反射して止まる」とき，ボールは O から P_1, P_2, ……, P_{567} のいずれかの頂点に直線状に進んだことになります。

「1133回反射して止まる」とき，たどり着いた点を P_k としましょう。すると，k は568と互いに素（最大公約数が1）である，568未満の数となります。もしも k と568が1より大きい公約数を持てば，1133回反射する前に，ボールはとある頂点に至って止まってしまうからです。

よって k として考えられる値は，$568 = 2^3 \cdot 71$ から，

$$568 \cdot \left(1 - \frac{1}{2}\right) \cdot \left(1 - \frac{1}{71}\right) = \boxed{280} \text{ 通り}$$

あるとわかります。

k が異なれば，$\angle \mathrm{PO}P_k$，つまり x の値も異なるので，これ

が求めるべき個数となります。

(2) (1)の P_1, P_2, ……, P_{567} のうち，Aに対応する点は

$$P_3, \ P_6, \ \cdots\cdots, \ P_{567}$$

ですから，3，6，9，……，567の189個のうち，568と互いに素なものがいくつあるかを考えるとよいとわかります。

まず，189個のうち，94個が偶数なのでこれを除外します。後は「71×(奇数)」の形の数を除けばよいのですが，この形の数は71・3＝213のみです。

（なぜならば，71×9＞567だからです）

よって，

$$189-94-1=\boxed{94}\text{個}$$

が求めるべき個数となります。

【問題5】

この手のタイプの問題の場合，「不可能である」が答えであることが大半ですが，さてどうでしょうか？

(解)

(1) $\boxed{\text{可能である}}$

2つのピースをくっつけて，1×2×3の直方体を作ります。これを3つ，右図のようにくっつけます。

ここに3個のピースを加えれば，1辺の長さが3の立方体を作ることができます。

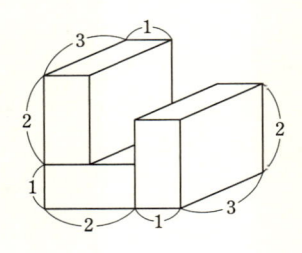

(2) $\boxed{\text{不可能である}}$

4段目を以下の (a) のように，3段目を (b) のように，2

[解答] 2006年ファイナル

段目を (c) のように白黒で塗り分け，1段目の立方体は黒く塗っておきます。

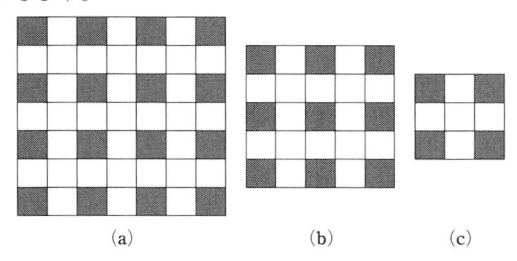

(a)　　　　　　　(b)　　　(c)

図2の立体が28個のピースに分割できたとしましょう。このとき，各々のピースに含まれる黒い立方体の個数は高々1個です。

しかし，黒い立方体は30個あるので，これは矛盾です。ゆえに，28個のピースに分割することはできないとわかります。

2000年 2002年 第1回～第3回大会から 良問選集 解答

【2000年トライアル問題3】

平均の分母が素数17になっているところがポイントです。このおかげで，nの候補が限られるのです。

(解)

$(n-1)$個の平均が $\dfrac{590}{17}$ であることから，

$n-1$ は17の倍数 …①

とわかります。

$(n-1)$個の平均が一番小さくなるのは，最後の数nを消したときで

$$\frac{1+2+\cdots+(n-1)}{n-1}=\frac{n(n-1)}{2(n-1)}=\frac{n}{2}$$

また，一番大きくなるのは最初の数1を消したとき

$$\frac{2+3+4+\cdots+n}{n-1}=\frac{1}{n-1}\times\left(\frac{n(n+1)}{2}-1\right)$$

$$=\frac{n^2+n-2}{2(n-1)}=\frac{(n-1)(n+2)}{2(n-1)}=\frac{n+2}{2}$$

ですから，次の不等式が成り立ちます。

$$\frac{n}{2}\leqq\frac{590}{17}\leqq\frac{n+2}{2}$$

これをnについて整理すると，

$$n \leq \frac{1180}{17} \leq n+2$$

となり，$\frac{1180}{17} = 69 + \frac{7}{17}$ であることから，

$$n = 68,\ 69$$

とわかり，①から $n=69$ とわかります。

$n=69$ のとき，68個の数の和は

$$68 \times \frac{590}{17} = 2360$$

で，1から69までの整数の和は

$$\frac{69 \cdot 70}{2} = 2415$$

ですから，大ちゃんの消した数字は

$$2415 - 2360 = \boxed{55}$$

とわかります。

＊①を使って，$n=18$ のとき，$n=35$ のとき，$n=52$ のとき，$n=69$ のとき，$n=86$ のとき，……と調べていっても，$n=69$ 以外にはありえないことがわかります。

【2000年トライアル問題4】

　素因数分解して考えることに気がつけば，実はただの「魔方陣」なのですが……闇雲に実験していてはらちがあきません。

（解）

　いま，実際に「かけ算魔方陣」が作れたとします。各マスに書かれた数が"2で何回割れるか"という数を考えてみます。すると，各マスの数をこの数に置き換えれば，縦，横，斜め，どの3つの数の和も等しい「魔方陣」になります（各列の和

は，かけ算魔方陣の一列の積が 2 で何回割れるかを表す値になります）。ここでいう「魔方陣」とは，別に同じ数が重複して出てきてもよいものであることに注意すると，このような魔方陣で列の和が最小のものとして，次の様なものが見つかります（ただし，9 マス全て同じ数が入るものは除外して考えます）。

2	0	1
0	1	2
1	2	0

これを元にかけ算魔方陣を作るには，次のようにすれば可能です。

2^2	2^0	2^1
2^0	2^1	2^2
2^1	2^2	2^0

ここに，2^0 は「2 を 0 回かけた数」，つまり 1 と解釈します。しかし，これでは 9 マス全てに異なる数がはいる，という条件を満たさないので，新たに 2 を 3 に換えた次の様なかけ算魔方陣を作ります。

3^2	3^0	3^1
3^0	3^1	3^2
3^1	3^2	3^0

これを右に 90° 回転したかけ算魔方陣

[解答] 2000〜2002年出題から良問選集

3^1	3^0	3^2
3^2	3^1	3^0
3^0	3^2	3^1

と①の各マス同士をかけることで,

4	1	2		3	1	9		**12**	**1**	**18**
1	2	4	×	9	3	1	=	**9**	**6**	**4**
2	4	1		1	9	3		**2**	**36**	**3**

…(答え)

となる,9マス全てが異なる自然数である「かけ算魔方陣」が得られます。
※回転したり,裏返したりしたものも,勿論正解です。

【2000年トライアル問題7】

正12角形なら,次図の様に構成することが出来ます。
これをヒントにどうにか作れないでしょうか?

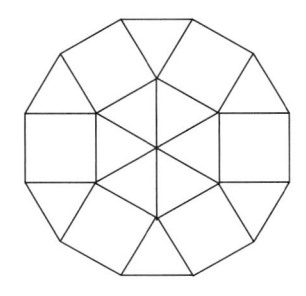

(**解**)

凸11角形の内角として考えられるのは，

$$60°, \ 90°, \ 120°, \ 150°$$

の4通りです。11の角のうち，$60°$ の角が x 個，$90°$ の角が y 個，$120°$ の角が z 個，$150°$ の角が w 個あるとしましょう。このとき，凸11角形の内角の和が $180°\times(11-2)$ であることより，

$$x\times 60°+y\times 90°+z\times 120°+w\times 150°=180°\times 9$$

これを簡単にすると，

$$2x+3y+4z+5w=54 \ \cdots ①$$

一方，$x+y+z+w=11 \ \cdots ②$

ですから，①$-5\times$②から，

$$3x+2y+z=1 \ \cdots ③$$

x, y, z は全て0以上の整数であるから，③から

$$x=y=0, \ z=1$$

とわかり，②から $w=10$ とわかります。

よって，この凸11角形の内角は，

$$120° の角が1個，150° の角が10個$$

とわかります。$150°$ の角は，正方形と正三角形を隣り合わせることでしか作れませんから，前頁の図を元に，実際に図を作ってみると右頁のようになります。

[解答] 2000～2002年出題から良問選集

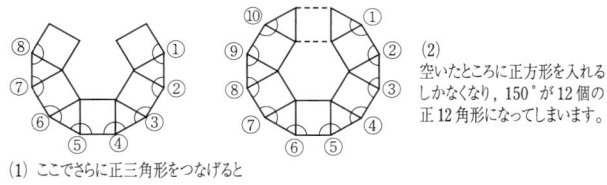

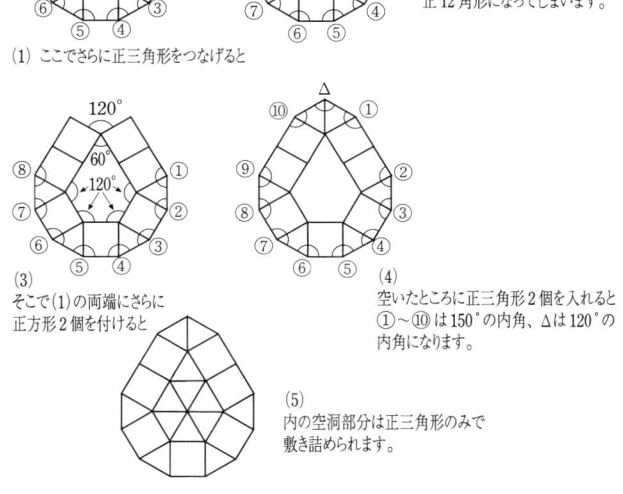

(1) ここでさらに正三角形をつなげると

(2) 空いたところに正方形を入れるしかなくなり，150°が12個の正12角形になってしまいます。

(3) そこで(1)の両端にさらに正方形2個を付けると

(4) 空いたところに正三角形2個を入れると①〜⑩は150°の内角，Δは120°の内角になります。

(5) 内の空洞部分は正三角形のみで敷き詰められます。

この図から，

(1) 周の長さは $\boxed{13}$

(2) 正三角形の個数は $\boxed{13個}$，正方形の個数は $\boxed{7個}$ とわかります。

【2000年トライアル問題 8】

同じものを加えて評価するのがポイントです。あとは，分数で与えられた条件式を，「比が等しい」と読みかえることができるかどうか。

(解)

条件式から,
$$AE:BE=CF:BF$$
$$=CG:DG$$
$$=AH:DH$$
です。従って
$$AE:AB=CF:CB$$
$$=CG:CD$$
$$=AH:DA$$
です。この比を $k:1$ とおきます。

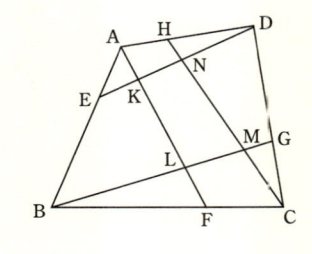

さて, 四角形 KLMN に, 2つの四角形 AKNH, LFCM を加えると, 四角形 AFCH になり, 示すべき等式の右辺, 即ち △AEK+△BFL+△CGM+△DHN に, 同じく2つの四角形 AKNH, LFCM を加えると, △ADE+△BCG になります。したがって, 示すべきは
$$\text{四角形 AFCH}=\triangle\text{ADE}+\triangle\text{BCG} \cdots ①$$
です。ここに,
$$\triangle\text{AFC}=k\times\triangle\text{ABC}$$
$$\triangle\text{ACH}=k\times\triangle\text{ACD}$$
ですから, 辺々加えて
$$\text{四角形 AFCH}=\triangle\text{AFC}+\triangle\text{ACH}$$
$$=k\times(\triangle\text{ABC}+\triangle\text{ACD})$$
$$=k\times(\text{四角形 ABCD})$$

また,
$$\triangle\text{ADE}=k\times\triangle\text{ABD}$$
$$\triangle\text{BCG}=k\times\triangle\text{BCD}$$
ですから, 辺々加えて
$$\triangle\text{ADE}+\triangle\text{BCG}=k\times(\triangle\text{ABD}+\triangle\text{BCD})$$

［解答］2000〜2002年出題から良問選集

$= k \times$(四角形 ABCD)

ゆえに，確かに①が正しいことがいえ，題意は示されました。(証明終了)

【2000年ファイナル問題2】

すわ，8通りの場合分けをして絶対値をはずすのか？　と思いきや，グラフで考えると意外とあっさり片付いてしまいます。さすが広中杯。

(解)

$y = |2|2|2x-1|-1|-1|$ のグラフと $y = x^2$ のグラフの，$0 < x < 1$ における共有点の個数が求めるべき解の個数です。以下，グラフは $0 \leq x \leq 1$ の範囲で描くことにします。

まず，$y = |2x-1|$ のグラフは $y = 2x-1$ のグラフの x 軸よりも下側の部分を x 軸について折り返したものですから，次図1の様になります。

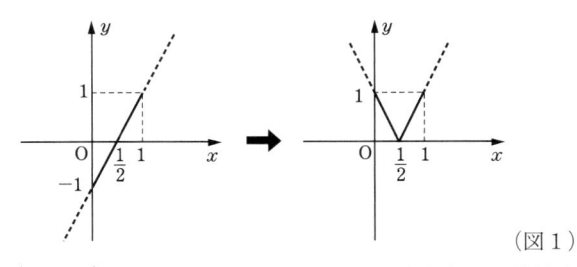

(図1)

$y = 2|2x-1|$ のグラフは図1のグラフを y 軸方向に2倍拡大したものですから次頁図2の様に，$y = 2|2x-1|-1$ のグラフはそれを y 軸方向に -1 だけ平行移動したものですから次頁の図3の様になります。

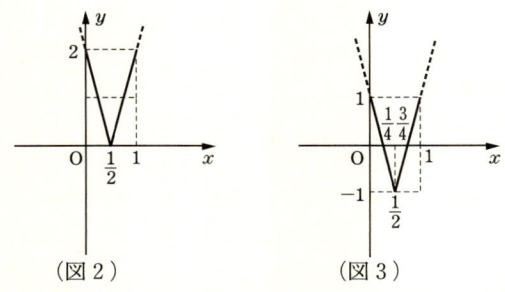

(図2)　　　　　　(図3)

よって，$y=|2|2x-1|-1|$ のグラフは次の図4の様になります。

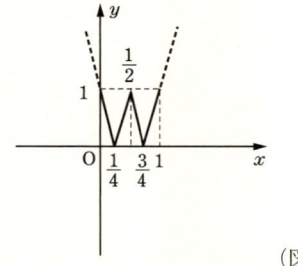

(図4)

同じ要領で，以下の様に $y=|2|2|2x-1|-1|-1|$ のグラフを作ることが出来ます。

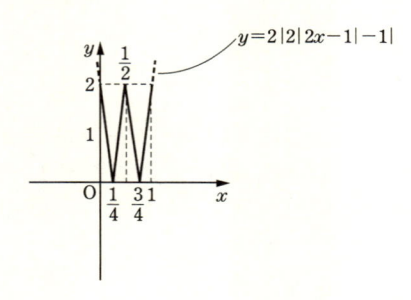

$y=2|2|2x-1|-1|$

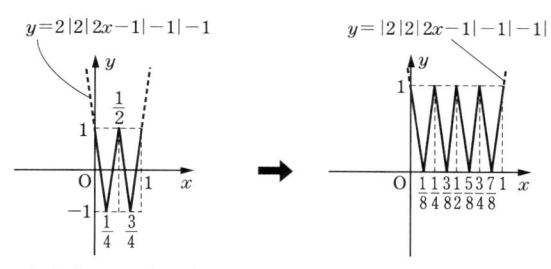

[解答] 2000〜2002年出題から良問選集

$y=|2|2|2x-1|-1|-1|$ の一番右側の線分と，$y=x^2$ の位置関係には，次図の2通りが考えられますが，$y=x^2$ と（一番右側の線分を含む直線を表す式）$y=8x-7$ の交点の x 座標は，$x^2=8x-7$ を解くと $x=1, 7$ ですから，右側の図はありえないことがわかります。

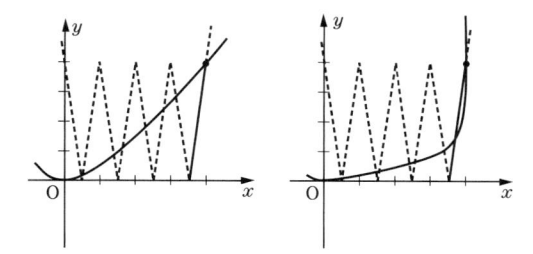

したがって，$y=|2|2|2x-1|-1|-1|$ と $y=x^2$ の $0<x<1$ の部分は次図のようになり，共有点は **7個** とわかります。

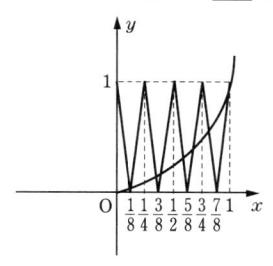

163

【2000年ファイナル問題4】

頂点に触れるように円を置いたときの挙動を正しくつかめるかがポイントとなります。

(解)

次図1は一辺の長さが2の正六角形 ABCDEF です。各頂点を中心に半径1の円を描くと，一辺の長さが1の正六角形(図の点線)の周りに，半径1の円板を並べることができることがわかります。

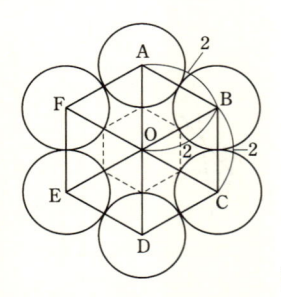

(図1)

この図1の点線の正六角形と6つの円のみを描いたものが図2で，図2の正六角形の各辺を14だけ伸ばしたものが図3です。

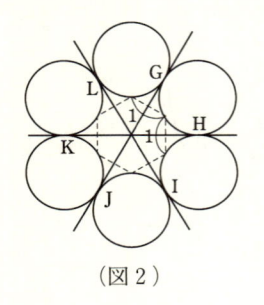

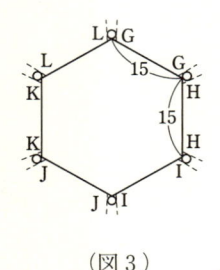

(図2)　　(図3)

[解答] 2000〜2002年出題から良問選集

この図3の各辺には，図4の様に，さらに7枚の円板を置くことができます。

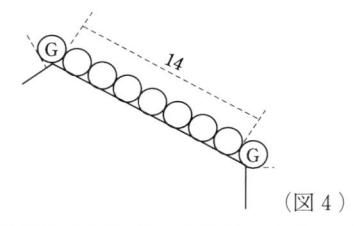

（図4）

したがって，円板は $6+7\times 6=48$ 枚並べられるとわかります。

また，条件を満たすように円板を並べるとき，この円板の中心は，正六角形からの距離が1であるような，図5のような曲線 C 上にあることになります。もし，円板を49枚以上並べることができたとすると，それらの中心を結んでできる，閉じた折れ線の長さは $49\times 2=98$ 以上となりますが，その長さは C を超えることはありません。ところが，C の長さは $15\times 6+2\times \pi$，およそ96.28… ですから矛盾です。したがって，円板を49枚以上並べることは不可能とわかります。

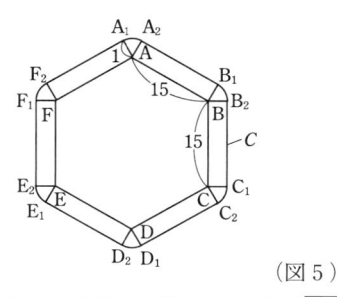

（図5）

以上から，並べられる円板の枚数は，最大で **48枚** であるとわかります。

【2000年ファイナル問題6】

2000年の「この1題」

　出てくる図形が正三角形ばかりのきれいな図です。この図の中にアンバランスな3点をとっても、それが正三角形の3頂点となる、というこの問題。小汚い計算は避けて、鮮やかに解決したいものですね。

　決め手となるのは線分比の定理と呼ばれる次の定理です。

（線分比の定理）
△ABC の辺 AB, AC 上に点 P, Q があるとき、

$$\frac{AP}{AB}=\frac{AQ}{AC} \text{ ならば } PQ // BC$$

であり、逆も成り立つ。

これに相似をからめて、次の様な系も成り立ちます。

（線分比の定理 II）
△ABC の辺 AB, AC 上に点 P, Q があるとき、

$$\frac{AP}{AB}=\frac{AQ}{AC} \text{ ならば } \frac{AP}{AB}=\frac{PQ}{BC}$$

この線分比の定理が使えるようにするには、問題の図に補助点（補助線）をとる必要があります。

　線分 AB 上に点 R を、線分 OC 上に点 T を、線分 OD 上に点 U を、それぞれ

$$\frac{OS}{OA}=\frac{BP}{BO}=\frac{CQ}{CD}=\frac{BR}{BA}=\frac{CT}{CO}=\frac{OU}{OD} \cdots (*)$$

166

となるようにとります。すると、次図の様に、線分比の定理が使える形の図形が出来上がります。

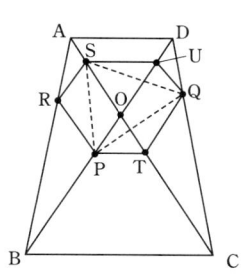

この図を見れば、△PQS が正三角形となるのはあたりまえに見えますが、さて、それを証明するにはどうすればよいでしょう？

(解)

（*）の比の値を $k(<1)$ とし、OA=a, OB=b とおきます。
（*）から、

$$\frac{AS}{AO}=\frac{AR}{AB}=\frac{OP}{OB}=\frac{OT}{OC}=\frac{DU}{DO}=\frac{DQ}{DC}=1-k$$

がわかり、さらに △OBC, △ODA が正三角形であるという条件から、線分比の定理より

　　SU=PR=QT=ka …①
　　RS=PT=QU=$(1-k)b$ …②

が成り立つことがわかります。

また、線分比の定理から、RS//BO, RP//AO がわかるので、四角形 RPOS は平行四辺形です。

したがって、

　　∠SRP=∠SOP=120° …③

とわかり，同様に
$$\angle PTQ = 120°, \angle QUS = 120° \cdots ④$$
もわかります。①，②，③，④から，二辺夾角相等より，
$$\triangle SRP \equiv \triangle PTQ \equiv \triangle QUS$$
がいえますから，特に
$$SP = PQ = QS \text{ (対応辺)}$$
がいえ，したがって△PQSが正三角形であることがいえました。(証明終了)

【2001年トライアル問題1】

$(a) < (b) < (c) < (d)$ ？？ $(d) < (c) < (b) < (a)$ ？？ かと思ったら，意外な大小関係になります。

(解)

$2^{55} = (2^5)^{11}$，$3^{44} = (3^4)^{11}$，$4^{33} = (4^3)^{11}$，$5^{22} = (5^2)^{11}$ ですから，2^5，3^4，4^3，5^2 の大小関係を調べればよいとわかります。
$$2^5 = 32, \ 3^4 = 81, \ 4^3 = 64, \ 5^2 = 25$$
ですから，
$$5^2 < 2^5 < 4^3 < 3^4$$
なので，
$$\boxed{(d) < (a) < (c) < (b)}$$
とわかります。

【2001年トライアル問題2】

見かけは大変そうですが，あるからくりに気が付くとあっさり解決してしまいます。1992，1994といった大きな数を文字に変えて計算してみるのがポイントです。

[解答] 2000〜2002年出題から良問選集

(解)

$k = 1993$ とおくと，
$$\sqrt{1994 \times 1992 + 1} = \sqrt{(k+1)(k-1)+1}$$
$$= \sqrt{k^2 - 1 + 1}$$
$$= k$$
$$= 1993$$

となります。この原理を繰り返し用いると，順々に計算して，

$$\sqrt{2001\sqrt{2000\sqrt{1999\sqrt{1998\sqrt{1997\sqrt{1996\sqrt{1995\sqrt{1994 \times 1992 + 1} + 1} + 1} + 1} + 1} + 1} + 1} + 1}$$
$$= \sqrt{2001\sqrt{2000\sqrt{1999\sqrt{1998\sqrt{1997\sqrt{1996\sqrt{1995 \times 1993 + 1} + 1} + 1} + 1} + 1} + 1} + 1}$$
$$= \sqrt{2001\sqrt{2000\sqrt{1999\sqrt{1998\sqrt{1997\sqrt{1996 \times 1994 + 1} + 1} + 1} + 1} + 1} + 1}$$
$$\vdots$$
$$= \sqrt{2001 \times 1999 + 1} = \boxed{2000}$$

とわかります。

【2001年トライアル問題3】

[ ]の記号は「ガウス記号」といいます。いわれると簡単な，「ある事実」に気が付かないと，書き並べてゆくだけでは見当も付きません。

(解)

a，b が正の数で，整数ではなく，$a+b$ は整数であるとします。このとき，
$$a - 1 < [a] < a$$
$$b - 1 < [b] < b$$
が成り立つので，辺々加えて
$$a + b - 2 < [a] + [b] < a + b$$

169

が成り立ちます。$a+b$, $[a]+[b]$ はともに整数ですから、この不等式から
$$[a]+[b]=a+b-1$$
が成り立つことがわかります。これを利用します。

まず、与式にある [ ] の中身

$$\frac{13\times 1}{2001},\ \frac{13\times 2}{2001},\ \cdots,\ \frac{13\times 2000}{2001}$$

は、13と2001が互いに素（最大公約数が1）であることから、全て整数ではありません。

そして、

$$\frac{13\times 1}{2001}+\frac{13\times 2000}{2001},\ \frac{13\times 2}{2001}+\frac{13\times 1999}{2001},\ \cdots$$

と、前後をペアにして足した和は全て13で整数です。

よって、先の事実を用いると、

$$\left[\frac{13\times 1}{2001}\right]+\left[\frac{13\times 2000}{2001}\right]=\frac{13\times 2001}{2001}-1=12$$

$$\left[\frac{13\times 2}{2001}\right]+\left[\frac{13\times 1999}{2001}\right]=\frac{13\times 2001}{2001}-1=12$$

$$\vdots$$

で、ペアは全部で1000組あるので、求めるべき式の値は
$$12\times 1000=\boxed{12000}$$
とわかります。

【2001年トライアル問題4】

2001年の「この1題」

地道に調べてゆけば何とかなるのでは？　というにおいだけプンプンとします。しかしながら、言うは易く、行うは難し。安直に調べ上げようとすれば、膨大な計算を強いられてしまい

[解答] 2000〜2002年出題から良問選集

ます。「いかに労力を減らすか」が問題解決のカギとなります。
　まずは条件整理から。

(解)

　$\overline{abcd}$, $\overline{bcd}$ はともに完全平方数ですから，m，n を正の整数として，
$$\overline{abcd} = m^2, \quad \overline{bcd} = n^2$$
とおけます。
　また，a が完全平方数であることから，
$$a = 1, \ 4, \ 9$$
に限られることがわかります。
　また，n^2 は3桁の完全平方数で，$31^2 = 961$，$32^2 = 1024$ ですから，
$$10 \leqq n \leqq 31 \ \cdots ①$$
です。さらに，
$$m^2 = 1000a + n^2$$
を
$$m^2 - n^2 = 1000a$$
$$(m+n)(m-n) = 1000a$$
と変形すれば，$m+n$，$m-n$ は，ともにかけると $1000a$ となる $1000a$ の正の約数とわかります。また，$m+n$，$m-n$ の差は $2n$ ですから，①より，その差は20〜62の範囲にあるとわかります。
　以上を踏まえて，$a = 1, \ 4, \ 9$ のいずれかで場合分けをして，m，n の候補をさぐります。

(i) $a = 1$ のとき
　$1000a = 1000$ の正の約数を小さい順に並べてゆくと，

$$1,\ 2,\ 4,\ 5,\ 8,\ 10,\ 20,\ \underline{25,\ 40},\ 50,\ 100,$$
$$125,\ 200,\ 250,\ 500,\ 1000$$

です（＿は，約数列の中心位置を表します）．

これをみると，
$$1 \times 1000 = 2 \times 500 = 4 \times 250 = \cdots = 25 \times 40 = 1000$$

つまり，

(k 番目に小さい約数)×(k 番目に大きい約数)＝1000

となっている様子がわかります．

かけると1000となる約数2数のペアで，その差が20〜62の間にあるものは，(20, 50)の一組しかありません．

このとき，$m+n=50$，$m-n=20$ ですから，
$$m=35,\ n=15$$

となり，$\overline{abcd} = 35^2 = 1225$ は条件を満たします．

(ⅱ) $a=4$ のとき

$1000a = 4000$ ですから，4000の約数を小さい順に並べることになりますが，全部を書き並べるのは大変なので，「約数列の中心位置」を推測して，中心に近い約数だけを並べることにします．

$$\sqrt{4000} \approx \sqrt{4096} = \sqrt{2^{12}} = 64$$

なので，4000の約数で64に近いものを探すと，50と80が見つかります．

$50 \times 80 = 4000$ であること，50〜80の間に4000の約数がないことから，50，80が4000の約数列の中心位置であるとわかります．

この中心位置から遠ざかる方向に約数を探してゆくと，
$$\cdots,\ 32,\ 40,\ \underline{50,\ 80},\ 100,\ 125,\ \cdots$$

となります．

かけると4000となる約数のペアで，その差が20〜62の間にあ

[解答] 2000〜2002年出題から良問選集

るものは,
　　　　(50, 80) と (40, 100)
です。(32, 125) では,差が62を超えてしまうので,これ以外には条件を満たすペアがないこともわかります。

　$m+n=80$, $m-n=50$ のとき,
　　　$m=65$, $n=15$
で,$\overline{abcd}=65^2=4225$ は条件を満たします。

　$m+n=100$, $m-n=40$ のとき,$m=70$, $n=30$ で,$\overline{abcd}=70^2=4900$ は条件を満たします。

(iii) $a=9$ のとき

　$1000a=9000$ ですから,これも「約数列の中心位置」をさぐって効率よく探します。
$$\sqrt{9000}=3\sqrt{1000}\approx 3\sqrt{1024}=3\sqrt{2^{10}}=3\times 32=96$$
なので,9000の約数で96に近いものを探すと90と100が見つかります。$90\times 100=9000$ であり,90〜100の間に9000の約数はありませんから,90, 100が約数列の中心位置です。

　この中心位置から遠ざかる方向に約数を探してゆくと,
　　　　…, 60, 72, 75, <u>90, 100</u>, 120, 125, 150, …
となりますが,(90, 100) では,差が20を下回り,(75, 120),(72, 125) では,m, n が整数になりません。(60, 150) では,差が62を上回るので,結局条件を満たす約数のペアはないとわかります。

(i)〜(iii)から,求めるべき4桁の自然数 $\overline{abcd}$ は
　　　　　$\boxed{1225,\ 4225,\ 4900}$ の3つ
とわかります。

【2001年トライアル問題 5】

 ゲームの必勝法を考える問題です。このような問題の場合,実際に,誰かと2人でゲームを行ってみると,意外と「最善手」が浮かびやすいことがよくあります。とはいっても,試験会場で隣の人と対戦するのは駄目です。

(解)

	左列	右列
上段	ア	イ	ウ
	エ	オ	カ
下段	キ	ク	ケ

 まもる君の和は
  ア＋イ＋ウ＋キ＋ク＋ケ
 たかし君の和は
  ア＋ウ＋エ＋カ＋キ＋ケ
ですから,まもる君とたかし君の和の差は
  $X = $ イ＋ク－(エ＋カ)
です。これが正の値なら,まもる君の勝ちとなります。

 X が大きくなる様,まもる君がエかカに1を入れるとどうなるでしょうか。

 たかし君がエ,カの空欄のほうに10を入れたとすると,まもる君はその次にイかクに9を入れれば,イ,クの残ったほうには最終的に3以上の数が入るので,
  イ＋ク ≧ 9＋3 > 11 ＝ エ＋カ
で,X の値は必ず正になります。

 たかし君がエ,カの空欄のほうに10以外の数を入れたとすると,まもる君はその次にイかクに10を入れれば,
  イ＋ク > 10 ＝ 1＋9 ≧ エ＋カ
より,X の値は必ず正になります。

 たかし君がそれ以外の行動をとったとすると,まもる君はそ

[解答] 2000～2002年出題から良問選集

の次にエ，カの空欄のほうに3または4（少なくとも1つはまだ残っています）を入れれば，

$$イ＋ク ≧ 3＋5 ＞ 1＋4 ≧ エ＋カ$$

で，X の値は必ず正になります。

よって，まもる君は エかカのマスに1を入れる とよいとわかります。

※まもる君が始めにエかカのマスに1を入れなければ，逆にたかし君が勝つことが出来ます（少し場合分けをすればそれが確かめられます）。よって，まもる君が必ず勝つためには，上記の戦略をとる以外に方法はありません。

【2001年トライアル問題7】

54°，96°という聞きなれない角度が気になります。頼りになるのは「30°」だけ……。

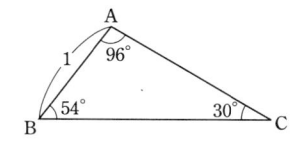

(解)

BCに関するAの対称点Dをとります。

このとき，

$$CA＝CD$$
$$\angle ACD＝2×30°＝60°$$

ですから，△ACDは正三角形となります。よって，

$$AC＝AD$$

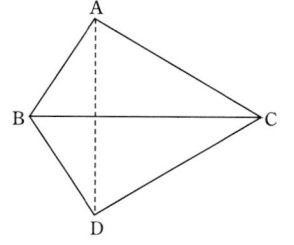

です。ここに，∠ABD＝2×54°＝108°であり，108°は正五角形の1つの内角ですから，A，B，Dをとなりあう3頂点とする正五角形ABDEFを次頁の図の様に作ることができます。

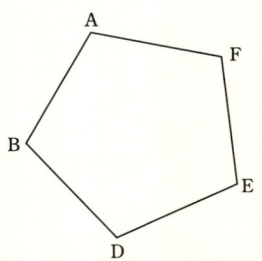

AD, つまりこの正五角形の対角線の長さが求めるべき長さです。この対角線の長さを x とおきます。

△BDF に着目すると、内角は次の様になることがわかります。

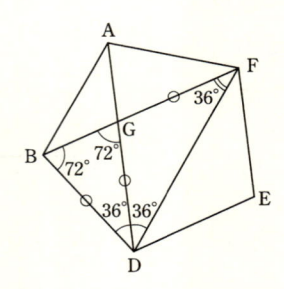

よって、△DBG∽△FDB（二角相等）となります。

ここに、 $\dfrac{DB}{FD}=\dfrac{1}{x}, \dfrac{BG}{DB}=\dfrac{x-1}{1}$

で、 $\dfrac{DB}{FD}=\dfrac{BG}{DB}$

なので、

$$\dfrac{1}{x}=x-1$$

整理して

$$x^2-x-1=0$$

とわかります。

この 2 次方程式を解くと

$$x=\frac{1\pm\sqrt{5}}{2}$$

となりますが，$x>0$ であるので

$$x=\frac{1+\sqrt{5}}{2}$$

となります。したがって，求めるべき AC の長さも $\boxed{\dfrac{1+\sqrt{5}}{2}}$ となります。

【2002年トライアル問題 1 】

条件を満たすように適当にサッカーの試合をした日を決めても答えはでます。問題は，「どのように適当に日付を決めても，日付の数字の和が変わらない」ことです。なぜでしょう？

（解）

第 1 週の日曜日の日付を 0 とします。すると，5 週分の日曜日の日付の和は

$$0+7+14+21+28=70$$

です。

月曜日，水曜日，土曜日の日付の数は，その週の頭の日曜日の日付にそれぞれ $+1, +3, +6$ したものなので，求めるべき日付の数の和は

$$70+1+3\times 2+6=\boxed{83}$$

とわかります。

【2002年トライアル問題4】

はまるとはまるかもしれません。

(解)

DからBCに下ろした垂線の足をHとします。また，DからABの延長上に下ろした垂線の足をIとします。このとき，斜辺一鋭角相等から，

$$\triangle DHC \equiv \triangle DIA$$

がいえるので，

(四角形ABCD) = (四角形IBHD)

であることがわかります。さらに，

$$DH = DI$$

もわかるので，四角形IBHDは，1辺の長さがDHの正方形とわかります。条件より，この正方形の面積は12ですから，

$$DH = \sqrt{12} = \boxed{2\sqrt{3}}$$

となります。DHの長さが，DとBCの距離ですから，この値が答えとなります。

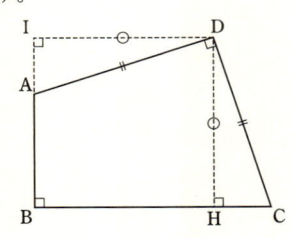

【2002年トライアル問題5】

とても，2002個の点をとって実験するわけにはいきません。もっと少ない点で実験，という方法もありますが，ここは頭の

中だけで解決してみたいものです。

(解)

　黒い点のみを頂点とする多角形Xに，赤い点を1つ加えると，赤い点を含む，頂点の数が1つ多い多角形ができます。逆に，赤い点を含む，頂点の数が4個以上の多角形Yから，赤い点を除くと，黒い点のみを頂点とする，頂点の数が1つ少ない多角形ができます。

　赤い点を含む三角形をZとすると，
　（赤い点を含む多角形の個数）＝（Yの個数）＋（Zの個数）
　（黒い点だけでできる多角形の個数）＝（Xの個数）
で，先の議論からXの個数とYの個数は同じです。従って，両者の差は
　　　　（Zの個数）
です。

　Zの個数は，2002個の黒い点の中から2つを選ぶ選び方で，ゆえに
$$_{2002}C_2 = \frac{2002 \times 2001}{2 \times 1} = \boxed{2003001}$$
が答えとなります。

【2002年ファイナル問題1】

　何はともあれ実験・発見。根気づよく試してゆくと，意外とあっさり方針が見えてきます。

(解)

　$x = 1$，2，3，4に対しては，$0 < \dfrac{x^2}{20} < 1$ となるので，
　　　$f(x) = 0$
です。

$$x=5 \text{ のとき}, \quad f(5)=\left[\frac{25}{20}\right]=1$$

$$x=6 \text{ のとき}, \quad f(6)=\left[\frac{36}{20}\right]=1$$

$$x=7 \text{ のとき}, \quad f(7)=\left[\frac{49}{20}\right]=2$$

$$x=8 \text{ のとき}, \quad f(8)=\left[\frac{64}{20}\right]=3$$

$$x=9 \text{ のとき}, \quad f(9)=\left[\frac{81}{20}\right]=4$$

$$x=10 \text{ のとき}, \quad f(10)=\left[\frac{100}{20}\right]=5$$

$$x=11 \text{ のとき}, \quad f(11)=\left[\frac{121}{20}\right]=6$$

以下, 数字だけを並べてゆくと,
$$f(12)=7, \ f(13)=8, \ f(14)=9, \ f(15)=11, \ \cdots$$
となります. どうやら, この先は
$$f(x)<f(x+1)$$
が成り立ちそうです.

$f(x)<f(x+1)$ が成り立つには,
$$\frac{x^2}{20}+1 \leq \frac{(x+1)^2}{20}$$
が成り立てば十分で, この不等式を解くと,
$$(x+1)^2-x^2 \geq 20$$
$$2x+1 \geq 20$$
$$x \geq \frac{19}{2}$$
ですから, $x \geq 10$ のとき $f(x)<f(x+1)$ が成り立つことがわ

[解答] 2000〜2002年出題から良問選集

かります。よって，$f(10)$，$f(11)$，…，$f(2002)$ は，異なる1993通りの値となり，これに 0，1，2，3，4 の 5 通りを加えた $\boxed{1998}$ 通りが，とりえる値の数であるとわかります。

【2002年ファイナル問題 2】

m，n の値をいろいろ変えて実験しても，
$$f(m, n) = m + 2n - 2$$
という規則が見えてきます。これを正当化するには，三角形の内角和に着目する必要があります。

(解)

$f(2002, 7) = x$ とします。すると，x 個の三角形の内角の和は
$$180° \times x$$
となります。

さて，この x 個の三角形の内角の和は，
　　　正2002角形の内角和 $2000 \times 180°$
　　　中の正七角形の 7 個の頂点の周り $7 \times 360°$
の合計でもあるので，
$$180° \times x = 2000 \times 180° + 7 \times 360° = 2014 \times 180°$$
が成り立ちます。

これを解けば，$x = \boxed{2014}$ とわかります。

※問題文の図で補足説明をしておきましょう。

次頁の図の○印のついた角度の和は，正五角形の内角和 540° で，図の×印のついた角度の和は，正方形の 4 頂点の周り $4 \times 360°$ となっていますね。

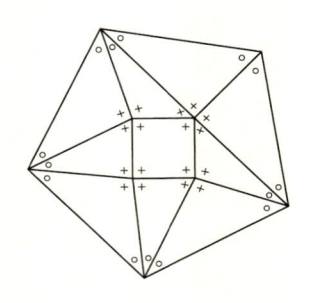

【2002年ファイナル問題3】

2002年の「この1題」

相手に「4目」を作らせない，というこのゲーム。どの列にも，「真ん中あたりに」黒石を置いておけば，その列で4目を作らせないようにできることはわかりますが，では最少個数で平ちゃんをやっつけるには？

少しの試行錯誤で，最少個数は10個か11個であるとはわかりますが，さてどちらでしょう？

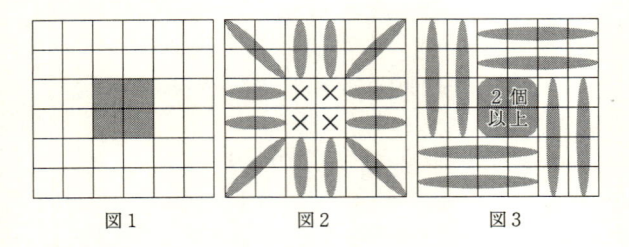

図1　　　　　図2　　　　　図3

真ん中の $2 \times 2 = 4$ マスに着目します。（図1）

まず，ここに1つも黒石を置かないとすると，図2の網目部には少なくとも1つずつ黒石を置かなければならないので，最低でも黒石は12個必要となります。

[解答] 2000〜2002年出題から良問選集

真ん中の4マスに2つ以上黒石を置く場合は、図3の8つの網目部分に少なくとも1つずつ黒石を置く必要があるので、最低でも黒石は10個以上必要です。

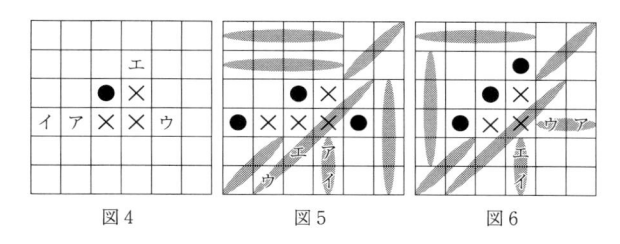

図4　　　　　図5　　　　　図6

1つだけ黒石を置く場合、対称性から、2×2マスの左上のマスに黒石を置いたと考えても構いません。図4のアの位置に黒石を置かないと仮定しましょう。すると、イ、ウの両方に黒石を置くことが必要になります。さらに、図5の網目部分に少なくとも1つずつ黒石を置く必要があるので、結局黒石は10個以上必要になります。

したがって9個以下の黒石で済ませるには、図4のアの位置に黒石を置かねばなりません。また、対称性から、エの位置にも黒石を置かねばなりません。この状態を表したものが図6ですが、図6の網目部分にはやはり少なくとも1つずつ黒石を置く必要があるので、このようにやっても黒石は10個以上必要となります。

以上から、黒石は最低でも10個は必要であるとわかります。

では、10個の黒石で済ますことは可能なのでしょうか？　実は、可能なのです。以下で、一気に「黒が4目並んだ例」まで作ることにします。

図5から続けて、黒石10個で済ますことはできるでしょ

か？

　黒石10個で済ませるには，網目部分以外のところには石は置けないので，アに黒石を置く必要があります。このとき，イには黒石を置かないので，ウに黒石を置く必要があります。するとエには黒石を置かないことになります。よって，イ，エを含む斜めの列で白の4目ができてしまい駄目です。

　では，図6から続けて，ではどうでしょうか？
　やはり，黒石10個で済ませるには網目部分以外のところには石は置けません。よって，ア，イに黒石を置く必要があります。このとき，ウ，エには黒石を置かないので，ウ，エを含む斜めの列で白の4目ができてしまい駄目です。

　したがって，黒石10個で済ませるには，中心の2×2マスの中にちょうど2個の黒石を置く必要があるとわかりました。

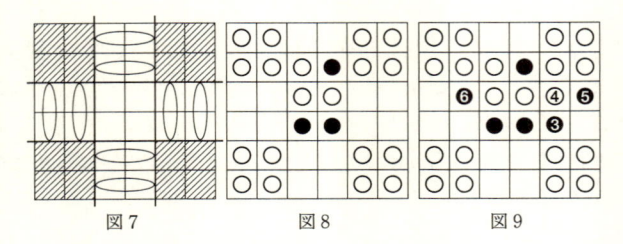

図7　　　　図8　　　　図9

　次に，6×6マスを，図7の様に9つの区画に分けます。このとき，10個の黒石で済ませるには，斜線のついた区画に黒石を置いてはいけないことが，簡単な検証によりわかります。また，◯で囲まれた2マスの一方にのみ黒石を置くことが必要であることもわかります。

　斜線のついた区画に黒石を置けないことから，真ん中の4マ

[解答] 2000〜2002年出題から良問選集

スには黒石を横向きに並べるしかありません。今，対称性から，図8の様に並べたと考えて構いません（●は黒石のある場所，○は黒石を置かないことが決まっている場所を表します）。すると，図9の様に，斜めに4目できない様にするため，3番の●が決まり，従って4番の○が決まります。横の4目ができないようにするため，5番と6番の●が決まります。この状態から，黒石で4目を作れるとしたら，次図10のように作るしかありません。このとき，斜めの白の4目ができないように，7番の●を置くしかありません。残るは1個ですが，この1個は，図11のア，イのどちらに置いても構いません。どちらに置いても，確かに白の4目はできないからです。

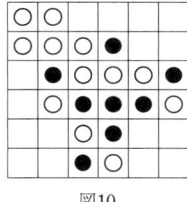

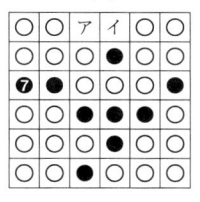

図10　　　　　　　図11

以上から，黒石は少なくとも $\boxed{10個}$ 必要とわかり，この個数で，黒石で4目が作れるように並べる方法は，回転や裏返しを除けば，次の2通りに限られることもいえました。

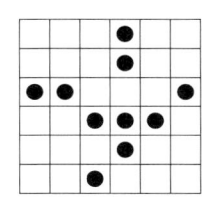

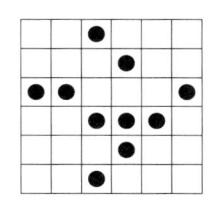

185

【2002年ファイナル問題 8】

実はこの年のファイナル問題は,「対称性」が隠れテーマとなっていました。この問題でも,「ひし形」の対称性をどう使うかがカギとなります。

(解)

図の様に, C, G を結びます。

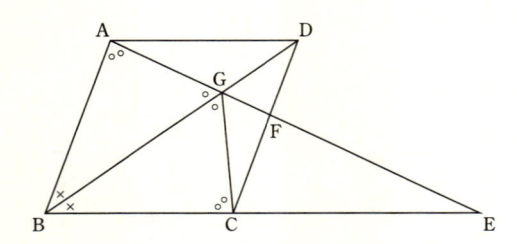

すると, ひし形の直線 BD に関する対称性から,

$$\angle BGA = \angle BGC \cdots ①$$
$$\angle BCG = \angle BAG \cdots ②$$

がわかります。

条件 $\angle BGA : \angle BAG = 1 : 2$ と①, ②から,

$$\angle AGC = \angle BCG$$

がわかるので,

$$\angle EGC = \angle ECG$$

がわかり, 従って △ECG は二等辺三角形とわかります。

条件より EG=25 なので,

$$EC = 25 \cdots ③$$

となります。

ひし形の一辺の長さを x, GA の長さを y とおきます。

AD//BE から，
$$\triangle \text{FAD} \infty \triangle \text{FEC}$$
$$\triangle \text{GAD} \infty \triangle \text{GEB}$$
がいえるので，③より
$$x : 25 = (y+4) : 21 \cdots ④$$
$$x : (25+x) = y : 25 \cdots ⑤$$
となるので，④から
$$25y + 100 = 21x \cdots ⑥$$
⑤から
$$(25+x)y = 25x \cdots ⑦$$
となります。⑥から，
$$x = \frac{25y+100}{21} \cdots ⑧$$
がわかるので，これを⑦に代入して
$$\frac{25y+625}{21}y = \frac{625y+2500}{21}$$
整理して，
$$25y^2 = 2500$$
$$y^2 = 100$$
$y > 0$ より
$$y = 10$$
とわかり，これを⑧に代入すれば
$$x = \boxed{\frac{50}{3}}$$
とわかります。

N.D.C.410　　187p　　18cm

ブルーバックス　B-1547

広中杯 ハイレベル中学数学に挑戦
これが中学数学の最高峰

2007年 3 月20日　第 1 刷発行
2021年10月 7 日　第 6 刷発行

監修	算数オリンピック委員会
解説	青木亮二
発行者	鈴木章一
発行所	株式会社講談社
	〒112-8001　東京都文京区音羽2-12-21
電話	出版　03-5395-3524
	販売　03-5395-4415
	業務　03-5395-3615
印刷所	(本文印刷) 株式会社新藤慶昌堂
	(カバー表紙印刷) 信毎書籍印刷株式会社
製本所	株式会社国宝社

定価はカバーに表示してあります。
©算数オリンピック委員会、青木亮二 2007, Printed in Japan
落丁本・乱丁本は購入書店名を明記のうえ、小社業務宛にお送りください。送料小社負担にてお取替えします。なお、この本についてのお問い合わせは、ブルーバックス宛にお願いいたします。
本書のコピー、スキャン、デジタル化等の無断複製は著作権法上での例外を除き禁じられています。本書を代行業者等の第三者に依頼してスキャンやデジタル化することはたとえ個人や家庭内の利用でも著作権法違反です。
R〈日本複製権センター委託出版物〉複写を希望される場合は、日本複製権センター (電話03-6809-1281) にご連絡ください。

ISBN978-4-06-257547-8

発刊のことば

科学をあなたのポケットに

　二十世紀最大の特色は、それが科学時代であるということです。科学は日に日に進歩を続け、止まるところを知りません。ひと昔前の夢物語もどんどん現実化しており、今やわれわれの生活のすべてが、科学によってゆり動かされているといっても過言ではないでしょう。

　そのような背景を考えれば、学者や学生はもちろん、産業人も、セールスマンも、ジャーナリストも、家庭の主婦も、みんなが科学を知らなければ、時代の流れに逆らうことになるでしょう。

　ブルーバックス発刊の意義と必然性はそこにあります。このシリーズは、読む人に科学的に物を考える習慣と、科学的に物を見る目を養っていただくことを最大の目標にしています。そのためには、単に原理や法則の解説に終始するのではなくて、政治や経済など、社会科学や人文科学にも関連させて、広い視野から問題を追究していきます。科学はむずかしいという先入観を改める表現と構成、それも類書にないブルーバックスの特色であると信じます。

一九六三年九月

野間省一

ブルーバックス　数学関係書（I）

番号	タイトル	著者
116	推計学のすすめ	佐藤信
120	統計でウソをつく法	ダレル・ハフ／高木秀玄=訳
177	ゼロから無限へ	C・レイ／芹沢正三=訳
217	ゲームの理論入門	モートン・D・デービス／桐谷維／森克美=訳
325	現代数学小事典	寺阪英孝=編
408	数学質問箱	矢野健太郎
722	解ければ天才！ 算数100の難問・奇問	中村義作
797	円周率πの不思議	堀場芳数
833	虚数iの不思議	堀場芳数
862	対数eの不思議	堀場芳数
908	数学トリック＝だまされまいぞ！	仲田紀夫
926	原因をさぐる統計学	豊田秀樹
1003	マンガ 微積分入門	前田忠彦／柳川晴彦／岡部恒治=絵
1013	違いを見ぬく統計学	岡部恒治／藤岡文世=絵
1037	道具としての微分方程式	豊田秀樹
1074	フェルマーの大定理が解けた！	吉田剛=絵
1076	トポロジーの発想	足立恒雄
1141	マンガ 幾何入門	川久保勝夫／岡部恒治／藤岡文世=絵
1201	自然にひそむ数学	佐藤修一
1243	マンガ 高校数学とっておき勉強法	鍵本聡
1312	マンガ おはなし数学史	佐々木ケン=漫画／仲田紀夫=原作
1332	集合とはなにか 新装版	竹内外史
1352	確率・統計であばくギャンブルのからくり	谷岡一郎
1353	算数パズル「出しっこ問題」傑作選	仲田紀夫
1366	数学版 これを英語で言えますか？	保江邦夫ほか／E・ネルソン=監修
1383	高校数学でわかるマクスウェル方程式	竹内淳
1386	素数入門	芹沢正三
1407	入試数学 伝説の良問100	安田亨
1419	パズルでひらめく補助線の幾何学	中村義作
1429	数学21世紀の7大難問	中村亨
1430	Excelで遊ぶ手作り数学シミュレーション	田沼晴彦
1433	なるほど高校数学 三角関数の物語	佐藤恒雄
1453	暗号の数理 改訂新版	一松信
1479	なるほど高校数学 図形問題編	佐藤恒雄
1490	大人のための算数練習帳	佐藤恒雄
1493	大人のための算数練習帳 図形問題編	佐藤恒雄
1536	計算力を強くする	鍵本聡
1547	計算力を強くするpart2	鍵本聡
1557	やさしい統計入門	柳井晴夫／C・R・ラオ／越智祝=編
1595	数論入門	芹沢正三
1598	広中杯 ハイレベル中学数学に挑戦	算数オリンピック委員会=監修／岡部恒治／青木亮二=解説
1606	なるほど高校数学 ベクトルの物語	原岡喜重
1606	関数とはなんだろう	山根英司

ブルーバックス　数学関係書 (II)

番号	タイトル	著者
1619	離散数学「数え上げ理論」	野崎昭弘
1620	高校数学でわかるボルツマンの原理	竹内淳
1625	やりなおし算数道場	歌丸優一
1629	計算力を強くする 完全ドリル	鍵本聡
1657	高校数学でわかるフーリエ変換	竹内淳
1661	史上最強の実践数学公式123	佐藤恒雄
1677	新体系・高校数学の教科書 (上)	芳沢光雄
1678	新体系・高校数学の教科書 (下)	芳沢光雄
1681	マンガ 統計学入門	アイリーン・V・マグネロ=文／ボリン・V・ボリン=絵／神永正博=監訳／井口耕二=訳
1684	傑作!数学パズル50	中村亨
1694	ガロアの群論	小島寛之
1704	高校数学でわかる線形代数	竹内淳
1711	なるほど高校数学 数列の物語	宇野勝博
1724	ウソを見破る統計学	神永正博
1738	物理数学の直観的方法 (普及版)	長沼伸一郎
1740	大学入試問題で語る数論の世界	清水健一
1743	マンガで読む 計算力を強くする	そんみほ=マンガ／銀杏社=構成
1757	高校数学でわかる統計学	竹内淳
1764	新体系・中学数学の教科書 (上)	芳沢光雄
1765	新体系・中学数学の教科書 (下)	芳沢光雄
1770	連分数のふしぎ	木村俊一
1782	はじめてのゲーム理論	川越敏司
1784	確率・統計でわかる「金融リスク」のからくり	吉本佳生
1786	「超」入門 微分積分	神永正博
1788	複素数とはなにか	示野信一
1795	シャノンの情報理論入門	高岡詠子
1808	算数オリンピックに挑戦 '08～'12年度版	算数オリンピック委員会=編
1810	不完全性定理とはなにか	竹内薫
1818	オイラーの公式がわかる	原岡喜重
1819	世界は2乗でできている	小島寛之
1822	マンガ 線形代数入門	鍵本聡=原作／北垣絵美=漫画
1823	三角形の七不思議	細矢治夫
1828	リーマン予想とはなにか	中村亨
1833	超絶難問論理パズル	小野田博一
1838	読解力を強くする算数練習帳	佐藤恒雄
1841	難関入試 算数速攻術	松島るりこ=画
1851	チューリングの計算理論入門	高岡詠子
1870	知性を鍛える 大学の教養数学	佐藤恒雄
1880	非ユークリッド幾何の世界 新装版	寺阪英孝
1888	直感を裏切る数学	神永正博
1890	ようこそ「多変量解析」クラブへ	小野田博一